泉州文库

泉州文库

选堂题

（清）丁拱辰　著

陳忠義　點校

演礮圖說後編
增補則克録

泉州文庫整理出版委員會

商務印書館

前　言

　　泉州建制一千三百多年，爲中國歷史文化名城和古代海外交通的重要港口。"比屋弦誦，人文爲閩最"，素稱海濱鄒魯、文獻之邦。代有經邦緯國、出類拔萃之才，歐陽詹、曾公亮、蘇頌、蔡清、王慎中、俞大猷、李贄、鄭成功、李光地等一大批傑出人物留下了大量具有歷史、文學、藝術、哲學、軍事、經濟價值的文化遺產。據不完全統計，見載於史籍的著作家有一千四百二十六人，著作多達三千七百三十九種，其中唐五代二十九人三十二種，宋代二百人三百九十一種，元代二十一人四十種，明代五百三十六人一千五百八十五種，清代六百四十人一千六百九十一種；收入《四庫全書》一百一十五家一百六十四種，《四庫全書存目叢書》五十六家七十四種，《續修四庫全書》十四家十七種。二〇〇八年國務院頒布第一批國家珍貴古籍名録，屬泉人著述、出版者十三種。

　　遺憾的是，雖然泉州典籍贍富，每一時代都有一批重要著作相繼問世，但歷經歲月淘汰、劫難摧殘，加上庋藏環境不良，遺存至今十無二三，多成珍籍孤本。這些文化遺產，是歷史的見證，是泉州人民同時也是中華民族的寶貴文化財富，亟待搶救保護，古爲今用。

　　對泉州地方文獻的搜集與整理，最早有南宋嘉定年間的《清源文集》十卷，明萬曆二十五年《清源文獻》十八卷繼出，入清則有《清源文獻纂續合編》三十六卷問世。這些文獻彙編，或已佚失，或存本極少。二十世紀四十年代，泉州成立"晉江文獻整理委員會"，準備整理出版歷代泉人著作，因經費短缺未果。八十年代，地方文史界發起研究"泉州學"，再次計劃編輯地方文獻叢書，可惜後來也因爲各種條件的限制，其事遂寢。但是這兩次努力，爲地方文獻叢書的整理出版做了準備，留下了珍貴的文獻資料和書目彙編。

　　二〇〇五年三月，中共泉州市委、泉州市政府決定將地方文獻叢書出版工作列爲國民經濟和社會發展第十一個五年規劃的一項文化工程。翌年,正式成立"泉州地方典籍《泉州文庫》整理出版委員會",着手對分散庋藏於全國各大圖書館及民間的古籍進行調查搜集,整理出《泉州文庫備考書目》二百六十七家六百一十四種,以後又陸續檢索出遺漏書目近百家一百八十餘種。經過省内外專家學者多次論證,最後篩選出一百五十部二百五十餘種著作,組成一套有一定規模、自成體系、比較完整,可以概括泉人著作風貌、反映泉州千餘年文化發展脉絡的地方文獻叢書,取名《泉州文庫》,二〇一一年起陸續出版發行。

整理出版《泉州文庫》的宗旨是:遵循國家的文化方針政策,保護和利用珍貴文獻典籍,以期繼承發揚中華民族優秀文化傳統,增進民族團結,維護國家統一,提高民族自信心和凝聚力,加强社會主義核心價值體系建設,增强文化軟實力,爲泉州的物質文明和精神文明建設服務。

《泉州文庫》始唐迄清,原著點校,收錄標準着眼於學術性、科學性、文學性、地域性、原創性、權威性,具有全國重要影響和著名歷史人物的代表作優先。所錄著作涵蓋泉州各縣(市、區),包括金門縣及歷史上泉州府屬同安縣,曾在泉州任職、寄寓、活動過的非泉籍人氏的作品,則取其内容與泉州密切相關的專門著作。文庫採用繁體字横排印刷,内容涉及政治、經濟、歷史、地理、哲學、宗教、軍事、語言文字、文化教育、文學藝術、科學技術等領域,其中不乏孤稀珍罕舊槧秘笈,堪稱温陵文獻之幟志。

值此《泉州文庫》出版之際,謹向各支持單位、個人和參加點校的專家學者表示誠摯的感謝!由於涉及的學科和内容至爲廣泛,工作底本每有蛀蝕脱漏,加之書成衆手,雖經反復校勘,但限於水平,不足或錯誤之處還是難免,敬請讀者批評指教。

泉州地方典籍《泉州文庫》整理出版委員會

二〇一一年三月

整理凡例

一、《泉州文庫》（以下簡稱"文庫"）收錄對象爲有關泉州的專門著作和泉州籍人士（包括長期寓居泉州的著名人物）著作，地域範圍爲泉州一府七縣，即晋江（包括現在的晋江市、石獅市、鯉城區、豐澤區、洛江區）、南安、惠安（包括泉港區）、同安（包括金門縣）、安溪、永春、德化。成書下限爲一九四九年九月以前（個別選題酌情下延）。選題内容以文學藝術、歷史、地理、哲學、政治、軍事、科技、語言教育等文化典籍爲主，以發掘珍本、孤本爲重點，有全國性影響、學術價值高、富有原創性著作優先，兼及零散資料匯總。

二、每種著作盡量收集不同版本進行比較，選擇其中年代較早、内容完整、校刻最精的版本爲工作底本，并與有關史籍、筆記、文集、叢書參校，文字擇善而從。

三、尊重原著，作者原有注釋與説明文字概予保留。後來增加者，則視其價值取捨。

四、凡底本訛誤衍漏，增字以〔　〕表示，正字以（　）表示，難辨或無法補正的缺脱文字以囗表示，明顯錯字徑直改正，均不作校記。

五、凡底本與其他版本文字差異，各有所長，取捨兩難，或原文脱訛嚴重致點讀困難，或史實明顯錯誤者，正文仍從底本，而於篇末校勘記中説明。

六、凡人名、地名、官名脱誤者，均予改正，訛誤而又查不到出處之人名、地名、官名及少數民族部落名同異譯者，依原文不予改動。

七、少數民族名稱凡帶有侮辱性的字樣，除舊史中習見的泛稱以外，均加引號以示區別，并於校記中説明。

八、標點符號執行一九九六年實施的國家《標點符號用法》。文庫點校循新版二十四史及《清史稿》例，一般不使用破折號和省略號。

1

九、原文不分段者,按文意自然分段。

十、凡異體字、俗體字、通假字,如非人名、地名,改動又無關文旨者,一般改爲通用字;異體字已經約定俗成、容易辨認者不改。個別著作爲保持原本文字語言風貌,其通假字則不校改。

十一、避諱字、缺筆字盡量改正。早期因避諱所產生的詞彙成爲習慣者不改正。

十二、古籍行文中涉及國家、朝廷、皇帝、上司、宗族等所用抬頭格式均予取消。

十三、文庫一般一册收錄一種著作,篇幅小的著作由兩種或若干種組成一册,篇幅大的著作則分成兩册或若干册。

十四、文庫採用橫排、繁體字印刷出版。每册前置前言、凡例。每種著作仿《四庫全書》提要之例,由編者撰寫《校點後記》,簡略介紹作者生平、著作內容及評價、版本情況,說明其他需要說明的問題。

泉州地方典籍《泉州文庫》整理出版委員會辦公室

二〇〇七年二月五日

序^①

古之礮用石，故“礮”字從“石”。至火礮，蓋始於宋紹興間，虞允文用霹靂礮破金兵。然此非鐵礮也，鐵礮蓋始於金、元之間。金人守汴，有鐵礮曰“震天雷”。元世祖破襄陽，人謂之“襄陽礮”。然其時鑄礮之法未精，用礮之法未備也。其後，兵家著書兼言火器者，則有如《武備志》、《登壇必究》、《練兵紀要》、《金湯十二籌》諸書。專言火器者，則有如《火龍經》、《制勝錄》、《神威祕旨》、《火攻神器圖說》諸書，而尤以西人湯若望所授、寧國焦勖所述之《則克錄》爲精且備焉。然《則克錄》未言中綫加表之法，則礮發而無準，無準則不中，不中則不能克敵，不能克敵則湯氏之書雖精猶未精，雖備猶未備也。晉江丁君星南，生於閩，寓於粵。平日好講求有用之學。嘗泛海舶至外洋，與西人窮究算學及火器，而於鑄礮、用礮之法，尤研精入微。既返粵，乃本其得於心、驗於手者，著《演礮圖說》。會英夷不靖，礮火在所亟須，當事者以君所著書進呈。於是荷九重之睿鑒，錫六品之官銜。君究心於此事，不可謂不遇矣。然其時尚未知有《則克錄》也。厥後聞有《則克錄》，亟購得觀之，乃歎二百年間有同心焉。然《則克錄》有疏漏，有舛訛，未知爲湯氏之失與？抑焦氏之失與？君爲之補其漏，訂其訛，增入中綫差高加表準則，然後礮法有準，有準然後能中，能中然後能克敵。是鑄礮、用礮之法，至君所著之書然後爲精且備也。且《則克錄》謂銃規高一度，即象限儀高七度半，彈發可四百丈；君謂至遠二百餘丈，不能再多。此又可見前人未免浮夸，而君立言務實，尤可貴也。君自訂《演礮圖說》前編、後編，又增補《則克錄》，以二書問序於余。余因歷敘前人火器之書，以見君書之精備，乃身歷重洋得於心而驗於手者，良非易事也。雖然，兵革非不堅利也，委而去之，則咎不在器而在人。君所著書，於鑄礮、用礮之法精且備矣；若夫用以克

1

敵,用以奏功,則在乎將能用兵,兵能用命者。

　番禺張維屏序。

【校記】

　① 此序與《增補則克録》同。

目　録

演礮圖説後編

演礮圖說後編卷首

咨　文

欽差大臣、大學士賽爲移咨事。

所有廣東六品軍功監生丁拱辰，前經本閣部堂咨調來西，監鑄礮位。該監生自來轅後，鑄造一切礮位軍火，均甚適用，詳慎經理，毫無貽誤。兹已完工，合行備具親賚文件，飭令該監生回籍銷差。相應移咨貴督部堂查照可也。須至咨者右咨欽差大臣兩廣爵督部堂。

咸豐元年十月十八日。

贈　言

漢陽葉志詵遂翁

謀目謀心，事先利器；配金配火，虞備除戎。

星南徵君，素究測量，近製火器，亦復精審。所冀仰神威之遠震，快氛祲之全消。率師者用之，當如何敬慎耶！

遂翁附識。

江寧鄧廷楨嶰筠

辨微妙解弧三角；策事真通垣一方。

番禺張維屏南山

三角夙精勾股法；九重垂問著書人。

3

星南先生精研算法，兼究兵機。所著《演礮圖説》，進呈御覽，洵行軍之要務，實經世之良材。海内英流，羣相推許。屬書楹帖，因撰句奉贈。

道光己酉長至後三日，南山張維屏并識。

桂林陳繼昌蓮史

著書深得古人法；此老洵爲當世才。

星南一兄先生，才識過人，名藉當世。辛亥夏來遊吾粵，宣力鶴汀節撲幕下。時余養疴，杜門讀其所著《演礮圖説》，獨具精心，信其才，益知所聞之不謬也。爰識二語，用示服膺。

桂林陳繼昌。

江寧吴鼎昌仲銘

制器精通天地奥；著書兼擅古今奇。

高要蘇廷魁賡堂

舊學商量加邃密；交情把玩轉清新。

侯官林鴻年勿邨

濯足豪吟真萬里；羅胸神算有千秋。

晉江陳慶鏞頌南

十盪十決操奇算；九天九流述異聞。

星南仁兄，居吾邑陳江，與敝舊家爲聯井。早歳往粵，講究韜鈐之學。余京寓讀所著書，心交數載矣。祇以燕南雁北，未獲謀面。今者回里，得敘所歡，乃知名下無虚譽也。

道光庚戌上巳日，頌南陳慶鏞書。

同安陳渭揚筠竹

鶴書赴隴徵奇士；虎幄從戎契上卿。

星南先生爲吾鄉傑出之才，名達九重，書傳四海。兹爲心齋先生請於撲帥，延聘至軍，因得重聚。書此似之，用誌頂禮。

筠竹弟陳渭揚並識。

同安陳榮試秋厓

天鑒虞卿能著述；世傳盛憲有名聲。

星南先生精心算術，著《演礮圖説》。余適在粵東，爲呈鄧嶰筠制府，因達靖逆將軍，均蒙賞識。奏奉聖旨嘉獎垂問，一時豔羨。因撰句奉贈，蓋紀實云。

愚弟陳榮試。

日照丁守存心齋

讀古人書歸實際；友天下士得知音。

星南宗兄，心交數載，未獲一面；渴憶之懷，時縈寤寐。己酉典試粵西，撤棘後得來書。時星南方在粵東，相距非遥，翹企之衷，彌不能已。撰此書之，郵寄郢正。時重九月初四日也。

山左宗愚弟守存心齋甫並識。

陽朔贈别心齋家仲序

古人有言：人之相知，貴相知心。若心齋家仲之於余，可謂相知心也。余丁氏，原爲一脉之親。世傳“天下一丁無二丁”，故丁姓相逢，尤爲相親。考之史册，齊太公之子伋，封於丁，以丁爲氏。其支庶甚蕃，九州皆是。累傳而至於明初德興公，佐太祖定中原，子孫蕃衍，隸於山左各州縣，沂州之日照爲最。日照爲心齋家仲故里，瀕海而居也。又其支派爲余始祖節齋公，宋季由蘇徙閩，居於泉城之文山里。三傳而至碩德公，偕子仁庵公，洪武間徙居城南晉江之陳江鄉，今人丁萬餘。山左、閩中兩派，鄒魯遺風，世有書香，科甲聯起。鄉賢名宦，孝子忠臣，代不乏人。

余幼時，先君偃蹇東瀛。讀書脩脯，賴先慈以紡織償之。故年甫十一，即輟業力耕。奉母不兩載，經書盡忘。少長，知書中意味，窮搜字義，研究算法，皆在負薪掛角之時。今日所以魯魚亥豕不至相混者，皆得之田間牛背上也。迨年十七，隨父客浙東。弱冠，偕從叔客粵東。留心會計，求當得奉甘旨。素好購書，暇即讀之。每有會意，便欣然忘睡。

辛丑，海氛不靖。余不揣，以算術著《演礮圖説》，寄京質之同里陳頌南先生，請心齋家仲爲之論定。心齋家仲，弱冠成進士，屢遷户部員外郎，軍機章京。存心愛人，博極羣書，又精於火器。閲之許可，且爲之序，郵南付梓。余讀心齋家仲序，愕然驚，欣然喜，曰："余著此書，如嬰兒學語，自言津津有味，人少達意也；今日得遇知音，洞悉此中之纖微，灼照此中之肺腑，並示與古合，余喜如雀躍。"謹即修書言謝，各敍譜系，並及家庭。其宗情甚篤如是，年年魚雁相通。

歲己酉，心齋家仲典試粵西，余寄書道喜。撤棘後接余書，遠辱還答，並贈佳句，翹企之衷，愈不能已。本年夏五，心齋家仲奉使粵西，參謀戎事，又蒙薦於鶴汀相國。在京移咨粵東，調余至粵西造礮。余方業賈，難以歇手。因感十載心交，愛同兄弟，今日得相聚會，此乃天假之緣，况士爲知己者用，安敢違教乎？余即將生計托人瓜代，五月杪束裝就道，六月廿二日抵桂林，晤心齋家仲，甚爲歡洽。邀謁鶴汀相國，優禮見待，命余同心齋家仲擇地鑄造火器一百有六位。演試有準，獎賞極隆。此皆心齋家仲成之。余復將鑄演始末，再續《演礮圖説後編》二卷。心齋家仲始終爲余參定，以剖卞氏之璞。今而後，余免泣於荆山之下矣。從兹問世，功不在余，而在心齋家仲也。

余甲辰歸隱還圃，爲不龜手之藥未售，丙午携方復遊於粵。今小技已售，試之有效。是在當事者之能用以制勝立功，余將歸還圃以自適，庶免北山移文之譏。心齋家仲亦諒余有龐德公之志也。時相國移節陽朔，余事畢，由陽朔告辭東還，並別心齋家仲。維時忽忽掛帆，兩相依戀，心齋家仲約寄余餞別詩。余不工詩,故於舟次爲序以寄之。

夫序者,敘也,胸懷所蘊,藉此以敘其情。余淺學,安敢言文?亦書其事敘其情而已,不計工拙也。今惟默祝神佑,軍務早完,奏凱而還,上寬聖天子南顧之心,下慰粤西士民身家安全之願,並可以慰心齋母太夫人倚閭之望,何幸如之!

歲辛亥十月廿二日,晉江宗愚弟拱辰拜書於桂林舟次。

粤西紀遊

曩余客遊浙、粤,歷觀山川形勝與吾閩無異。嗣泛海波斯,洪濤巨浪之中,遠眺彼岸山川相繆,曠遠綿邈,如龍蟠虎踞,蜿蜒數千里,駭然驚訝,以爲彈丸島國,即有山水,不過三五錯綜耳,何期海國別有洞天乎?及舟抵岸,入其都城,豁然開朗,阡陌交通,華人與夷雜居。喜故鄉人來,怡然樂邀還家,具酒食盤飧,依然家鄉風味也。越數日,鄉之人又邀余駕小舟出遊。云山有湖通潮汐,廣袤數百里,物産豐饒,暇請一遊,以壯胸懷。余憚其遠,乃就其所歷,遍觀山水與中土大暑相似。竊謂中外山水,大都如是,轉疑雁宕之圖爲妄誕也。倦遊而還,仍寓粤東,時而回閩省視。

今歲夏五,因山左心齋家仲薦舉,奉欽差大臣、大學士賽在京行文兩廣,制府徐公檄余帶領鑄礮工匠,前往桂林,按法鑄造大礮,以充軍營勦匪之用。余喜心齋家仲十載心交,今日得以晤言,何快如之!

即於五月念八日解纜西行,六月初六日抵梧州,晤湯敬亭郡伯。歷敘與心齋家仲曾同官農部,與同里陳頌南先生曾接杯酒之歡,因索《演礮圖説》一部。初九日易舟而行,一路無奇觀。十七日將入平樂,山川景象,便覺不同,以爲偶然耳。此日舟次,晤粤西勞方伯。云伊家在湖南,與魏默深先生同里知交,曾同閲《演礮圖説》其書,甚合時用,以此知名。因索一部,携往軍營。十八日抵平樂府,遂行,至廿二日抵桂林。一連六日,所歷山川,奇崛非常,儼然五百羅漢、四大金剛,或如彌勒騎獅、甲士帶劍,或如珍禽翺翔、野獸盤踞。時見懸崖峭壁,蘿藤蔓生。礮臺望樓,磚城石塔,高可百仞。鸚嘴鶴頂,象牙犀角,無不畢肖。間有石壁參天,何殊西嶽圖畫;層巒聳漢,無異天台赤城。千奇萬怪,宛如煙云變幻,繪之不盡,寫之無窮。覽斯勝概,全郡皆然,與雁宕圖畫,若合一契。風清月白之際,對景悠然,猶置身雁宕間。過此以往,已屬桂林。景物如常,不復似平樂矣。

是晚泊舟省垣水東門,詰朝登岸,進城晤心齋家仲,相見甚歡。邀余繳公文,謁鶴汀相國,蒙其優待,稱號不名。曰:"十年前已讀先生《演礮圖説》,久仰芳名。先生精於火器,海内知名。今不遠千里而來,爲國家宣力,他日共建大功,定不負苦心。可與貴宗心齋軍機共相辦理,先生此回可謂鑄礮大師矣。"余遜謝曰"不敢",當退而謀諸心齋家仲,擇地搭廠,購應需生鐵等物,推算礮身周徑長短厚薄,繪圖定模鑄造,事事親歷。胞姪金安,幫理鑄就新式礮位。自一百斤至五百斤,共一百零四位,八百斤西瓜礮二位。演試鎮定,致遠有準。雖一百斤礮,能與八千斤礮同用。又兼造火藥、火箭、火噴筒,督造抬鎗、鳥鎗。一切軍火,均適於用。相國喜甚,賞胞姪金安及鑄匠陳茂揚等八品軍功頂戴四名,又三次賞銅錢二百千文。余爲教習京營弁兵演礮之法,相國臨閲。演試有準,先賞余御賜雙壽紅緞荷包一個,以示優渥,嗣後再行保舉。

於十月十五日工竣起程,十七日道經陽朔軍營稟辭,相國殷殷慰勞曰:"先生良苦矣!事事親歷,余當爲保舉,以謝先生之勤勞。"復贈五十金,且給公文,與賷回覆兩廣總督徐公,其辭曰"所有廣東六品軍功監生丁拱辰,前經本閣部堂咨調來西,監鑄礮位。該監生自來轅後,鑄造一切礮位軍火,均甚適用。詳慎經理,毫無貽誤。兹已完工,合行備具親賷文件,飭令該監生回籍銷差"云云。余領文拜辭,并別心齋家仲。解纜登舟,順流而東。十九日抵平樂,廿一日抵昭平,廿四日抵梧州,十一月初二日抵粵東省垣。是役也,如有神助,諸事如意。

辛亥十一月初三日，晉江丁拱辰記於珠江旅次。

　　兩篇文字，皆質直樸實寫去。其中實情實事，可以見戶部之薦舉人才，可以見相國之謙恭禮士，可以見山川實景足騁懷遊目，可以見火器實用能制勝立功。而星南鑄造事畢，即飄然還山，絕無留戀功名、希圖榮祿之意。星南之可重尤在此，余與星南論心相得亦在此。

　　咸豐壬子三月，珠海老漁張維屏。

還圃行樂圖

星南行樂圖贊

番禺張維屏南山

讀千卷書，行萬里路。亦士亦賈，委心隨遇。天文算法，勾股精通。書成四卷，名達九重。測天有儀，演礮有説。大通璣衡，細入毫髮。六品之銜，拜受恩賜。有經濟才，無仕宦意。課子讀書，君意自如。索我題圖，吾言不虛。

侯官林鴻年勿邨

曾訪奇材問太丘，十年前已仰才猷。迢迢珠海萍蹤合，域外從頭話壯遊。

其　　二

諸葛神機用火攻，舟車戰法古原通。極西漫詡量天尺，本出璣衡矩度中。

十年前即耳星南大名，因向陳念庭細詢蹤跡，恨未一見也。今晨相遇羊城旅次，承示小照索題，走筆應之。詩不足存，聊以誌喜可耳。

時道光庚戌季夏之月。

番禺孟鴻光蒲生

破浪乘風亦壯哉，波斯島上測天回。火攻有策操成算，水戰餘閑作蕩杯。什一漫同求利術，九重深賞著書才。白圭貴顯陶朱富，將相原從貨殖來。

其　　二

諸緣雖淡未全删，市隱何須定在山。塵世簪纓蟬委蛻，故園松菊鳥知還。身因好友常爲客，天爲教兒特許閑。贏得一舼清意味，分明都在畫圖間。

順德羅世饒志亭

蠡測海，管窺天。世人逞臆見，一遇先生皆茫然。先生胸羅宿廿八，先生眼窮界三千。讀書棄糟粕，決策超英賢。身在江湖志廊廟，心通造化參坤乾。築

10

還圃,效陶潛。手中持一卷,幽隱頤天年。先生縱非天上之神人,當亦地上之行仙。

海澄謝鴻猷仰泉

誰爲貌此翁?形肖神亦似。其人慧且沉,其業賈而士。一藝自成名,羣公咸掛齒。閑來輒校書,老去猶窮理。姓字達朝廷,才猷著關市。禦戎有妙圖,通俗有微旨。爲國兼爲民,可歌更可喜。課兒築還圃,歸隱懷晉水。不能贊君容,毋乃笑余鄙。題跋盡如斯,續貂聊復爾。

日照丁守存心齋

乾維坤軸雙丸擲,瀛寰萬里通潮汐。容成大撓洩奧突,精能直碎神媧石。璣衡遺矩喻者稀,刻銅削玉窺黄赤。自古禮失求諸野,中西算術互推積。三角八綫割弧弦,測天量海參圭尺。吾宗星南得斯術,精心耿耿窮搜摭。鷁帆八極汗漫遊,雲垂水立茫茫碧。自携玉尺操晷盤,三垣七政窺朝夕。渾天蓋天細推步,地球海鏡工紬繹。波斯番賈蓦然驚,學作華言歔唶唶。軍資火器尤講求,測高量遠超形跡。庚子之年海氛起,鯨鯢醜類爭跳躑。天戈迅掃指東南,才能效命越資格。營門初獻象限儀,毫釐分寸皆籌策。九重垂問宏褒揚,編呈乙覽頭銜錫。長撫遠馭廟謨深,薄海羣生登袵席。碧瀣澄清波不揚,賫琛鵜鰈通商舶。歸田願作太平民,還圃半畝蒿萊闢。蒔花植木引流泉,俯仰蘧廬適其適。插架牙籤列左右,紛羅儀象兼兵籍。青燈課子卷常携,白墮留賓蔬更摘。礎潤時占風雨鍼,塵清偶試林泉屐。丹青絹素自寫生,頰上三毫傳幀册。我聞君名未謀面,十載神交情脈脈。願爲把臂傾素心,安得長風振六翮?

自 敘

余弱冠客遊嶺海,會計之暇,頗涉羣書。愛博不專,不成一藝。尤喜天文算學,間有所得,便欣然忘食。常於靜夜仰觀星象,由璿璣玉衡,悟出一器,製爲象限全周儀,測量度數,推算時辰,頗知梗概。會道光辛卯,附賈舶出重洋,遊呂宋諸島,以所攜全周儀測水程之遠近,極度之高卑,計程抵岸,若合符節。西洋舶師索儀細視,問所從來;余答以自中法璣衡悟出。西人曰:"善哉斯儀! 與我西法暗合。"因出所藏書圖式見示,余閱之,自喜暗與古合,漸而悟出礮法,默喻於懷,因加旁訪,究徹底蘊。歲辛丑,海氛不靖,余著《演礮圖説》,爲粵東當軸所器重。面試有準,奏賞六品軍功頂戴。其書爲進呈御覽。迨海氛撲滅,書遂問世,而余亦將以悠忽老矣。回思浪跡江湖二十餘年,奔波勞瘁,動搖精神,黟然者已爲星星。然久賈他鄉,鋭志歸田。甲辰挈眷回里,築室於家之南隅。畫地半畝,爲堂、爲室、爲院落、爲小齋。爲兒輩讀書計,扁其堂曰"還圃",取"倦飛知還"之意也。圃之中,小植花木。錦鱗游泳,翠羽和鳴,足以極視聽之娱。堂之上,藏書二架,懸畫數軸,陳航海諸儀器。時而執卷燕居,測影推步;時而披經課子,導矩敦規。夫摩詰輞川,地以人傳;長康寫照,人以神傳。千載流芳,心竊慕之。爰繪蝸居,一如所有,聊以自適。遠志小草,敢希昔賢? 玉樹芝蘭,不無厚望。後之覽者,幸毋笑我拙也!

道光庚戌夏五月,還圃主人丁拱辰星南自題,時年五十有一。

心齋農部寄贈長篇次韻奉酬

晉江丁拱辰星南

混沌初開雙球擲,陰陽二氣生潮汐。共工觸破不周山,女媧補天能煉石。虞書璣衡七政齊,羲和作曆推黄赤。書器火焚遭嬴秦,中法西傳互推積。太初經營勾股弦,甘石星經參矩尺。管窺蠡測慕斯術,覃思竭慮窮搜撼。梯航窮追三保蹤,水天一色皆茫碧。手攜象限測星辰,二極七政窺朝夕。仰觀俯察細推步,測圓海鏡思紬繹。西方舶師問其原,天尺合參嘆嘖嘖。軍營火器由此求,測高量遠同軌跡。庚子之年吹海氛,犬羊醜類爭跳躑。王師大舉指東南,不揣投效越資格。軍門呈獻象限儀,演礮圖説均籌策。九重垂問著書人,進呈御覽職銜錫。柔遠懷來廟謨深，海內羣黎登袵席。鯨鯢遠馴波不揚，白雉琛貢通商舶。歸田願作葛天民，還圖蝸居蓽門闃。附郭數畝資躬耕，菜根香味以自適。希鄠遺書列架上，族祖槐江公，官梧州守，好聚書，扁其堂曰"希鄠堂"。陳設儀象兼兵籍。一經課子手常披，剪韮留賓芹亦摘。月暈時□風雨鍼，畢躔預著東山屐。丹青尺幅自寫真，阿堵傳神慕史册。感君惠愛復贈詩，敦篤宗情同一脈。應是有緣萬里會，何須御風振六翮！庚戌自都中寄贈，辛亥聚會於桂林。

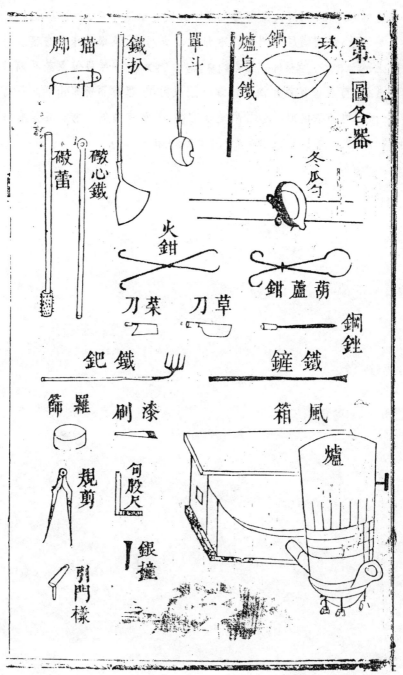

第一圖各器

鍋球

爐身鐵

單斗

鐵扒

猫脚

礮心鐵

礮蕾

冬瓜勺

火鉗

葫蘆鉗

草刀

菜刀

鋼銼

鐵鈀

鐵鏟

羅篩

漆刷

風箱

爐

規剪

句股尺

銀撞

剔門樣

14

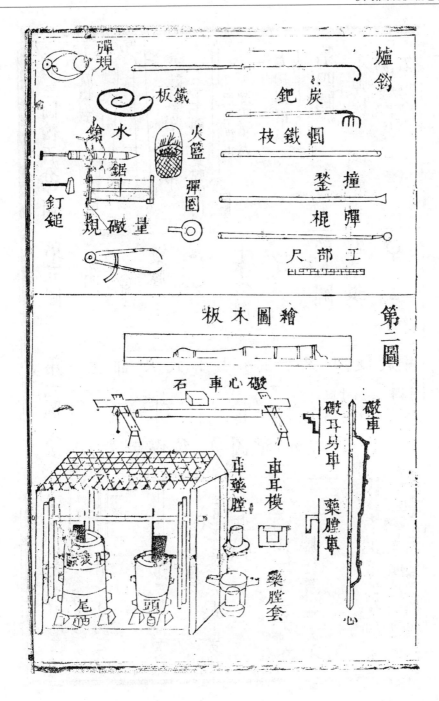

彈規

爐鈎

板鐵

鈀炭

繪水籃鋸

火籃彈圈

枝鐵圓

鏊撞

釘鉋

規礮量

棍彈

尺部工

繪木圖板

第二圖

石車心礮

礮耳另車礮車

車藥腔

車耳模

藥膛車

鐵甲

尾頭

藥膛套

心

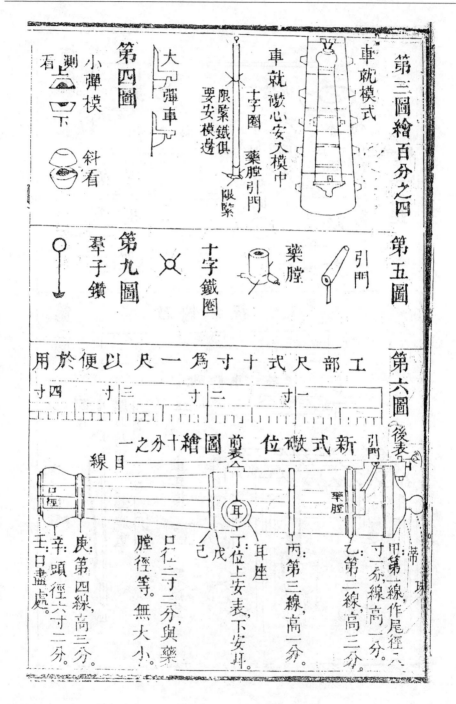

第三圖繪百分之四　第五圖　第六圖（後表）

第三圖模式
車就礮心安入模中
限緊鐵俱要安模邊
十字圈　藥膛引門
限緊

車就模式

第四圖
大彈車
小彈模　斜看
測上　看下

第九圖
挲子鑽

十字鐵圈

引門
藥膛
耳座

工部尺式十寸為一尺以便於用
一寸　二寸　三寸　四寸

新式礮位合襲前圖繪十分之一
口徑　耳　引門
藥膛

線目

甲第一線作尾徑六寸。一條，線高一分。
乙第二線高三分。
丙第三線高一分。
丁位上安表，下安井。
戊己尺位二寸二分與藥膛徑等。無大小。
庚第四線高三分。
辛頭徑六寸二分。
壬口盡處。

蔕珠

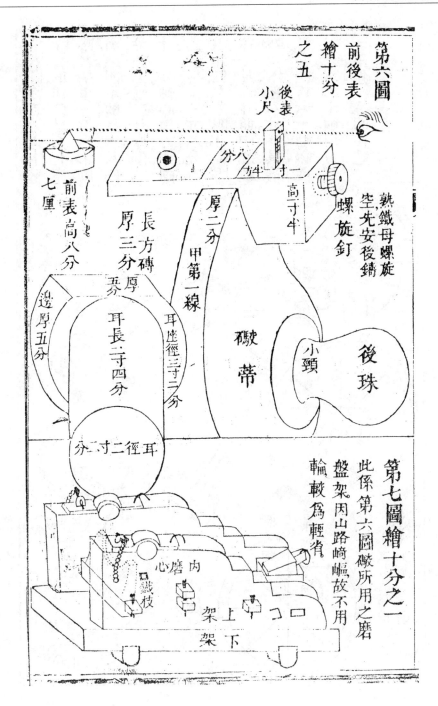

第六圖

前後表繪十分之五

之五

前後表繪十分

後表

小尺

熟鐵母螺旋空先安後鑄

螺旋釘

七厘

前表高八分

長方磚

厚三分

厚三分

厚二分

邊厚五分

耳座徑三寸二分

耳長二寸四分

甲第一線

礮蔕

高六寸半

後珠

小頸

分八

方4

十一

耳徑二寸二分

第七圖繪十分之一

此係第六圖礮所用之磨盤架因山路崎嶇故不用輪較爲輕省

內磨心

藏枝

架上

架下

17

第八圖繪百分之五陸戰礮車利於地方有車路者架重一百六十觔。丙鐵四十觔長六尺四寸頭至彎三尺厚俱四寸二分軸心係方鐵兩頭圓徑俱一寸八分方徑一尺六寸軸牛圓木外圓木徑六寸外俱箍鐵。外圓木方四寸輪二頭圓徑俱一寸八分方鐵安四百六十觔礮雖架六百二十觔用力三十五觔一人可御之。

斜看全圖

頭

尾 狹處

斜看分圖後二小輪

鐵板 二埴 右 平板 橫木 方墊 鐵枝 尖墊 鐵枝 木軸心

鐵後 鐵箍

方木 方鐵軸 圓鐵軸 左

安輪處 軸心 鐵騎馬釘

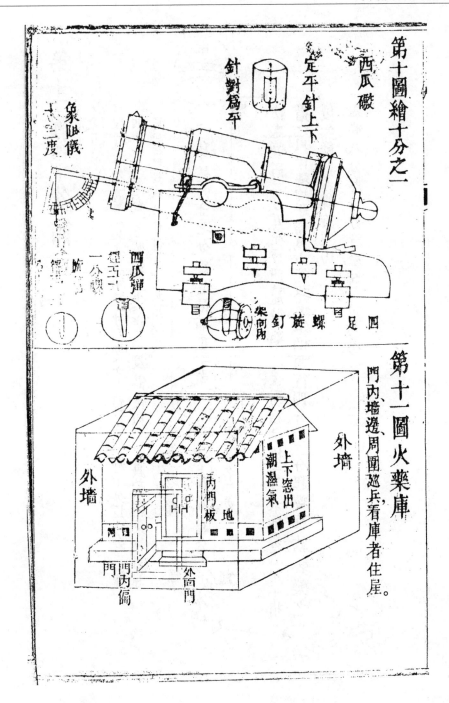

第十圖繪十分之一

西瓜礮

定平針上下

針對爲平

象眼儀　十至二度

西瓜彈

一分二釐半

四足螺旋釘向内

第十一圖火藥庫

門內、墻邊、周圍巡兵、看庫者住屋。

外墻

外墻

潮濕氣

上下窗出

內門板

地

外商門

門內偏門

第十二圖繪十分之四

大火箭

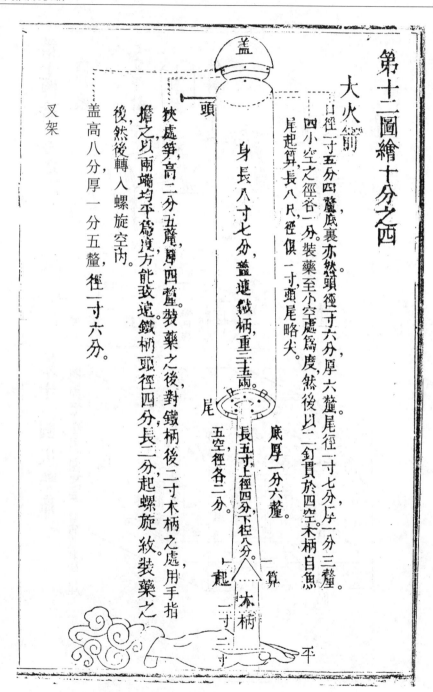

口徑一寸五分四釐底裏亦然。頭徑一寸六分厚六釐尾徑一寸七分厚一分三釐。

四小空之徑谷一分裝藥至小空處爲度然後以二釗貫於四空木柄自魚尾起算長八尺徑俱一寸頭尾略尖。

身長八寸七分蓋連鐵柄重三斤兩

底厚一分六釐

尾五空徑各二分

算

起 一寸二寸

木柄

長五寸上徑四分下徑八分

平

頭

蓋

狹處笋高二分五釐厚四釐發藥之後對鐵柄後二寸木柄之處用手指擔之以兩端均平爲度方能致遠鐵柄頭徑四分長二分起螺旋紋裝藥之後然後轉入螺旋空內。

叉架

蓋高八分厚一分五釐 徑一寸六分。

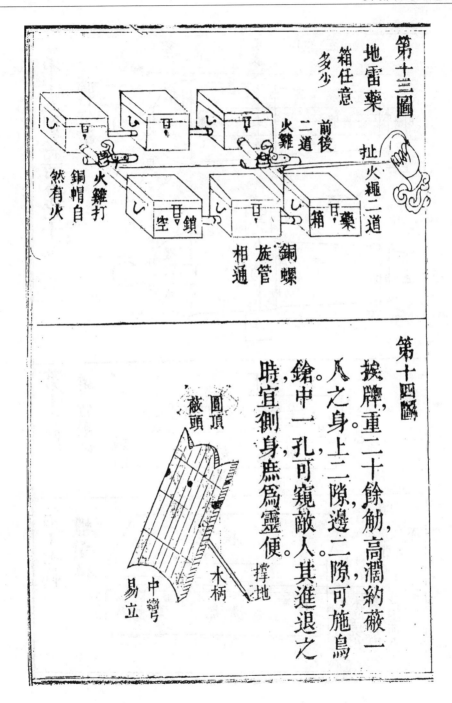

第十三圖

地雷藥

箱任意
多少

前後
二道
火雞

扯火繩二道

然有火
銅帽自
火雞打

空 鎖
相通
旋管
銅螺
箱 藥

第十四圖

按牌，重二十餘觔，高濶約薇一
人之身上二隙邊二隙可施鳥
鎗。中一孔可窺敵人其進退之
時宜側身庶爲靈便。

圓頂
薇頭

撑地
木柄

中彎
易立

21

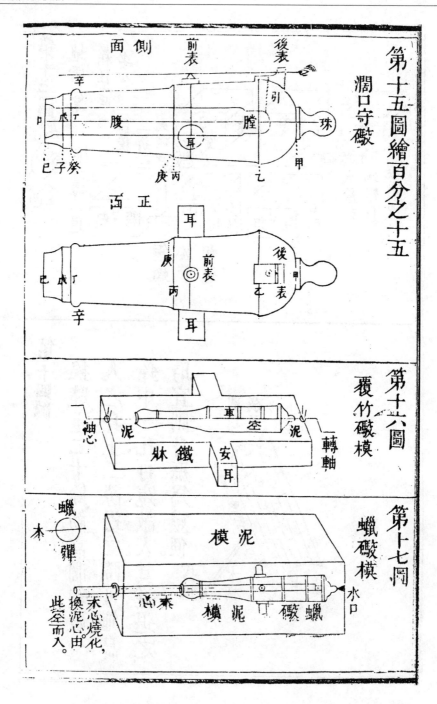

第十五圖繪百分之十五

潤口守礮

側　面　前表　後表

辛

巳　戊　丁　腹　腔　引　珠

巳　子　癸　　耳　　庚丙　乙　甲

正　面

耳

巳　戊　丁　庚　前表　後表　甲

丙　乙

辛　耳

第十六圖

覆竹礮模

洩心　泥　車　空　泥　轉軸

鐵牀　安耳

第十七圖

蠟礮模

蠟彈

木

模泥

木心燒化，換泥心由此空而入。

心葉　蠟礮泥橫　水口

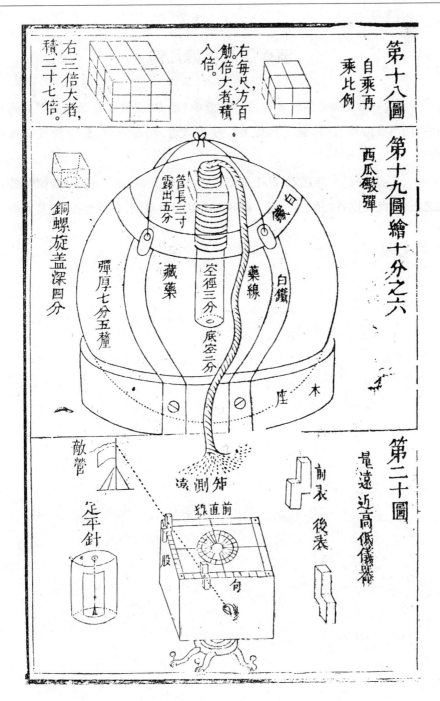

第十八圖

自乘再乘比例

右每尺方百勉倍大者積八倍。

右三倍大者積二十七倍。

第十九圖繪十分之六

西瓜礮彈

銅螺旋盖深四分

管長三寸露出五分

空徑三分

底空三分

彈厚七分五釐

藏藥

藥線

白鐵

白鐵

木座

遠測矩

第二十圖

量遠近高低儀器

敬管

前表

後表

定平針

前直鈹

股

句

演礮圖説後編凡例

一、是編所述鑄造演放之法，悉譜《前編》之方，仍就現在鑄造練習見諸施行者，照事實信筆直書，無一言虛妄。使用礮者，功歸實效，於軍營或有裨補一二。

二、《前編》已有詳述者，此中則略而言之，缺者補之。《前編》各圖隸於各說之後，而此編則各圖併歸一處。圖説俱有註明第幾圖，以省卷帙，均易尋閱。

目　　録

演礮圖説後編卷之一

釐正前編原委

道光辛丑，辰初刻原本《演礮圖説》，果係成法，並無拘執矛盾之處，衹有重複，無所關礙。祁竹軒制府已爲校訂妥協，令辰繕正，以備進呈。因西緒齋觀察於此道素未講究，謬籤數條請奏，云"間有拘執及自相矛盾之處"，逐條另爲籤出，與辰講究，始行領會。思當時實與爭辯，不依其説，伊逞臆見，不能深明底裡，令辰與之參酌重訂《演礮圖説》數則，並原本進呈。其重訂之本，與辰原本微有出入；且論而不斷，其間無定法，惟諄諄令人講究，用礮者無可取法，究不如原本之有準確也。

歲癸卯，辰閉户自爲釐正，號曰《演礮圖説輯要》，計四卷。山左日照家心齋先生守存，素諳韜鈐，又精於火器，爲辰校閲，且作後序。有言西洋人湯若望《則克錄》一書，與此書率多暗合，詢係揚州刻本。丁未購求一部，細詳讎校。其中專言火器礮法，最爲詳備。其論演用鑄造，以及製藥、用彈、舉重、引重諸法，與辰《演礮圖説輯要》及初刻之本所載，上下二百餘年，語多暗合；惟未言中線差高加表準則。而頭□□□□□線，未之言及。又所論彈發遠近，殊爲迥異。謂大礮[彈發平放，可四百弓步，計二百丈；銃規高一度，]爲象限儀高七度半，可[遠八百弓步，計四百丈；象限儀高一度①]四分，可遠一百二十丈，使高七度半，至遠是二百餘丈，斷不能多。今西洋各國戰船當面試放，平放署高一度四分，亦只百餘丈而已；再遠則無準。十年以來，苦心講求，復與西人談論，面加較驗，益知原本及釐正之本，均合法度，無所謂拘執矛盾之見。竊謂得此小技，可比於不龜手之藥，故區區之心，汲汲求售，若卞和之抱璞。相知者以從前傾家所有，自備資斧，繁費千金，得此小技，有合時用。去夏爲獻於林文忠公，極蒙許可。其言曰："現處需材之際，斯人正大有用之時，識時務者爲俊傑。"令辰回閩面談細底，方覺快心。辰因事不能前往。嗣林文忠公奉詔來粵，道過同安，鄉人陳秋厓明府榮試，又爲保舉，並求作序，均蒙許諾到粵録用。不意林文忠公到普寧，一病不起。辰感知遇之恩，抱無涯之戚，謹書於此，以識弗諼。

家子存弟明府來札

星南兄臺大人閣下：晉江族姓人來，拜誦華札，知吾兄於二月到家，械鬥調和頓息，何幸如之！外接得手著《演礮圖說》二卷，前已披讀，誠經世之書，有關時務。吾族中得此生色，真不世出才也！較之且夫意謂以博流俗科名者，奚啻霄壤！時林少穆大人退處林下，與弟原有甥舅之親，當將尊著及諸名公撰句送閱。據云：前在粵省，曾見是書，未稔近有增改否？本欲重檢舊篋，校明始末，再行作敘；緣省中公務繁劇，無暇及此。便時當即寄呈。嗣於接見之下，意甚流連，思欲一見吾兄，面談細底，方覺快心。且云現處需才之際，斯人正大有用之時，識時務者爲俊傑。此言可爲兄頌也。倘聞信後，得少放手，速即買棹到省，想亦大遭遇，幸勿拂大老愛才之苦衷，俾弟亦得聆緒論，快何如也！弟現皖省名次將已補缺，大約中秋後即便束裝，想林大人秋間亦將進京，切勿遲遲，萬囑千囑！弟字儀門，號子存，別號乃臣，行二；計遷閩縣已七世矣。吾兄可將族譜節抄賜覽，以便編定世次也。附呈硃卷三卷，祈賜照爲幸。六月望日，族弟斌頓首。

陳秋厓明府來札

星南仁兄大人閣下：夏秋連奉惠書，並承寄賜《韻府拾遺》，及南山先生聯箑書籍等件，均已拜領，感何可言！屢欲修書道謝，祇以入山尋地，奔走不遑，以致久稽答覆，歉悚良深。日昨再接手示，敬領一切；小照諸作，亦已拜讀。弟未嘗不思題詠，無如半載以來，尋地未得，日與地師馳逐深山窮谷之中，心緒如麻，實在未能踐諾，祈諒之。日昨少穆師奉命來粵，路過同安。叩見之下，當將大著

《演礮圖説》呈閲，並求作序，已承許可。並將吾兄才識品行，逐一細陳，力爲保薦，求其提拔。吾兄早報到省，自當先行迎接，乘此機會，亟宜投效，以圖上進。摩天健翮，在此一舉。勉之！望之！少穆師愛才若命，定能針芥。惟用人要在謹慎一邊，屢詢其人如何。弟告以吾兄平時持己，諸事可靠，弟所深信，故敢保舉。少穆師到粤時，定能拜訪，自有奇遇也。諸維努力珍重，不勝翹企。百忙之中，匆此馳報，並即請近安。□□十月，愚弟陳榮試頓首。

家心齋先生保薦原札

星南宗兄先生閣下：前由蘇給諫賡堂同年處寄覆一緘，並文稿二部，拙作古詩一首，想已入鑒。現在粤西匪黨未平，欽差大臣大學士賽前往視師。弟以菲材，參謀戎事。愧乏韜畧，謬承知遇之恩，因思薦賢，以勷大計。宗兄精於火器，海内知名。現奉中堂允准，寄書徐制軍。勞宗兄帶領工匠前往，並恐一時路用不能凑手，籌給資斧，以便迅速趲程。到時共成大功，以膺懋賞，並可藉罄數年積愫。諒宗兄不吝跋涉，以急國家之急。翹足以待，不勝渴望之至。夏四月，宗小弟守存頓首。

徐制軍諭往廣西造礮

咸豐元年五月初十日，兩廣爵督部堂徐傳諭云：户部丁員外守存，保薦丁拱辰於欽差大臣大學士賽，在京移咨到此，召辰往粤西造礮，許給資斧，迅赴鑄造，毋稍稽遲。

稟請給資募匠

具稟六品軍功監生丁拱辰，福建泉州府晉江縣人，現寓省城迎祥街。稟爲遵諭應召，效力礮務，仰懇給資支費事：竊生現募鑄礮工匠人等，帶赴粤西鑄礮，帶有自製新式礮樣一位，重五百斤，並輕快陸戰礮車，礮具全備。連盤費等物，彙列一單，應需銀二百五十三兩。□□□□□□迅往廣西軍營鑄造。惟是路途遠涉,帶有火器,關津未便。伏懇憲裁,賞派官船,發給文書,以便帶往粵西欽差大臣大學士賽軍營,如式鑄造,實爲感戴。爲此稟赴兩廣爵督部堂臺前,恩准施行。

計粘清單一紙,開明應需條目:

一募鑄礮匠十名,先給工銀四十二兩。

又隨帶辦雜事三名,先給工銀十兩零五錢。

又帶領本身並工匠人等,共十四名,鑄具八箱,預備盤費銀一百四十兩。

又帶新式礮樣一位,重五百斤,價銀二十五兩。

又輕快礮車並礮具全副,銀二十八兩。

又帶火箭樣四十枝,火噴筒樣十枝,銀七兩五錢。

合共應需銀二百五十三兩。就此領去支用,有餘到處分釐照繳。不敢糊混,所領是實。

咸豐元年五月十五日稟批:據稟及所開清單,即飭藩庫如數發給,迅速起程,毋稍稽遲。

咸豐元年五月十六日示。

募 礮 匠 章 程

五月在廣東佛山,催募考選良匠龍潤光等十名,幫理雜事三名。八月添匠二名。議每名每月工價銀七兩,飯食銀一兩八錢。幫理雜事,每名每月工價銀二兩八錢,飯食銀一兩八錢。自廣東起程算起,給至回廣東止。每名先借工銀四兩二錢,前去安家。路上往回盤費,船價挑工,俱官支理。到廣西開鑄,逐月工食銀先領一月上期,以便各匠先期寄回家用。如無開鑄,打發回廣東,盤費亦官爲支給,工食照約給至到廣東省爲止。兹鑄匠代辦風箱、鑄具、鐵器一單,該銀八十四兩一錢八分,帶到廣西應用。如是到處,不論工價,與之包鑄,則此一單價銀,鑄匠當自坐去。各不得爽約,立合同爲據。

另,除鑄彈及藥膛不給席金及鎔鐵規,此外,逢鑄礮之日,每名席金銀一錢五分;每隻爐鎔鐵水,一人規銀五錢;抬鐵水,每名規銀二錢;看鐵水下模,審視緩急,每名規銀伍錢。牽風箱,教小工牽之,免給規銀。此照常例,不在合同内。

購辦風箱鑄具等物俱見第一圖。

做鎔鐵爐大鍋六隻,爐身竪鐵條六十斤,斟彈單斗四隻,盛鐵水冬瓜勺二隻,鐵扒二隻,□脚乘爐鐵架五隻,礮心鐵八十二斤,菠蘿形去泥礮蕾九十七斤,夾熱彈葫蘆鉗一枝,夾鐵屎鐵鉗一枝,大鋼銼五枝,斬□草刀一枝,菜刀一枝,剷爐底鐵剷一枝,鈀鐵鐵鈀三枝,白鐵風箱喉四個,銼鐵小銼方圓各一枝,鍋蓋二隻,神前香爐、燭臺全副,茶盤一個,方圓風箱共五個,遮爐葵葉簑衣八張,記帳粉牌一個,漆礮刷十枝,篩泥沙羅斗二個,鐵曲尺一枝,爐口石二十二塊,抹模大筆大小三十枝,抹模烏烟一簍,熟鐵引門樣二枝,撞鐵撞一枝,風箱紙二張,取鐵屎爐鈎二枝,大鐵鈎一枝,炭鈀一枝,手鋸一枝,鋼鎚二枝,爐箍鐵二十三斤,洋鐵枝二十二斤,焙模鐵線火籃大小八隻,銅勺一枝,銅茶罐一個,柴刀一枝,燈盞三個,飯鍋二口,籐絡四隻,茭葦六張,銅水銃一枝,箍彈模鐵線三札,釘車鐵釘子一包,較剪一枝,鐵鉗二枝,鐵鑿五枝,釘鎚二枝,挖空心彈鐵鑿六枝,大秤一枝。

又:自置銅彈圈六個,鉛彈五個,鋼鋸一枝,量礮大鉗一枝,量彈小鉗一枝,象限儀一具,定平針一具,工部尺一枝,一尺零四卜尺一枝,九寸尺一枝,八寸尺一枝,七寸二分尺一枝,六寸三分尺一枝,三寸一分五釐尺一枝,二寸尺一枝,試礮腹彈棍一枝。

以上各物齊備。五月念八日帶領起程,携帶公文,蒙徐制軍行文廣東臬憲、廣西藩臬二憲,飭兩省州縣沿途照料,遇有丁拱辰經過各地方,檢點火器放行,毋得留難稽遲。於六月初六日抵梧州,六月念二日抵桂林。賫公文呈繳,隨家心齋先生晉謁欽差大臣大學士賽。嘉辰跋涉遠來之誠,恩禮有加,有吐哺之風,此心感激無既。並晤家心齋先生,敍一本宗情,抒十年積悰,足慰生平景仰之私。維時軍務旁午,奉諭同監造官,酌擇文昌門外寶桂錢局開鑄,一面添置各器具。

在桂林添置器具

打鋼銼二枝,買小銼十枝,打轆鑽二枝,打鐵撞鑿四枝,打鐵劊四枝,打菠蘿礮蕾十一枝,鋼鑿大小二十枝,小風箱一架,打爐鈎三枝,打鐵扒三隻,打鈀鐵鐵鈀四枝,打鋤頭二枝。

派員辦理開鑄礮位

監造官軍機章京戶部江西司員外郎　丁守存

湖廣督標中軍都司　駱永忠

湖北武昌城守營守備　姬聖脉

成造官兼總理礮局事務六品軍功監生　丁拱辰

協理礮局事務八品軍功頂戴　丁金安拱辰胞姪。後桂林守城有功,陞六品銜。

桂林府派巡查差二名　臨桂縣派看守差四名

鑄礮需鐵炭泥沙等物

七百五十斤西瓜礮二位,礮上寫八百斤。

四百六十五斤新式礮位二位,礮上寫四百斤。

二百二十二斤新式礮位五十位,礮上寫二百斤。

一百五十斤新式礮位五十位,礮上寫一百四十斤。

一百一十斤新式礮位二位,礮上寫一百斤。

合共一百六位,重二萬一千三百一十斤。

徑五寸一分西瓜礮彈一百個,重一千零五十斤。

徑二寸、重二十七兩彈一百二十個,重二百零二斤八兩。

徑一寸五分八釐、重十三兩三錢彈三千個,重二千四百九十斤。

徑一寸三分八釐、重八兩八錢彈三千個,重一千六百五十斤。

徑一寸二分四釐、重六兩四錢彈一百二十個,重四十八斤。

徑一寸五分八釐及一寸三分八釐對配,額外多鑄三千三百九十一個,重二千二百七十一斤。

合共彈九千七百三十一個,重七千七百一十五斤。

徑二寸、長二寸四分、重二十七兩盒彈六十個,重一百零一斤四兩。

徑一寸五分八釐、長一寸九分、重十三兩三錢盒彈一千五百個,重一千二百四十六斤十二兩。

徑一寸三分八釐、長一寸六分六釐、重八兩八錢盒彈一千五百個,重八百二十五斤。

徑一寸二分四釐、長一寸四分九釐、重六兩四錢盒彈六十個,重二十四斤。

合共白馬口鐵盒彈三千一百二十個,重三千一百九十七斤。

別樣舊礮用彈及盒彈,重一千四百六十八斤。

逐期鑄起演試準頭用彈,重一千斤。

以上四條,共用彈重一萬二千三百八十斤。

通共礮及彈,重三萬三千六百九十斤。每百斤需生鐵重一百三十斤,共需生鐵重四萬三千八百斤。內廣西省城辦舊鍋鐵,重一萬三千八百斤;往廣東佛山辦黑麻舊尖鍋鐵,重三萬斤。合共重四萬三千八百斤。

鎔鐵堅炭,重七萬七千斤。

火柴,重三萬八千斤。

造模白色有膠性田泥,重七萬斤。

做模胚豆大粗沙,重三萬斤。

蓋模極幼沙,重四千斤。

做模小沙,重二萬五千斤。

蓋模面塞引門化灰老糠,即粟皮。六百斤。

和泥及化灰稻草,重八千斤。

打引門及鐵環礮心熟鐵,重六百斤。

搭棚遮模筬篷,二十四張。

銅表尺螺旋,一百零六副。

打引門蓋粘盒彈錫,二十斤。

打鑿打銼鑽鋼,八十斤。

打引門蓋鉛碼等黑鉛,重一百斤。

鑄羣子煤炭,重五千斤。

打熟鐵用浮炭,重四千斤。

白馬口鐵盒,四千三百個。

砲油,重二百斤。

35

雨笠,二十四頂。

扛礮大繩,二十四條。

鐵鏊,四枝。

磨礮磨石,一千斤。

做麻彈麻重一千斤。

做礮刷紡線扎袋苧,五十斤。

搭棚架□條木板,共銀三十三兩。

告示,一張。

天平,一架。

配礮箱內上火藥,重一千四百斤。

打引門礮二隻環箍□等鐵匠,二名。

鑄生鐵□□匠,六名。

粘盒彈□□門蓋錫匠,一名。

礮箱,□百零六隻。

洗礮水桶,二百一十二隻。

烘藥罐,一百零六個。

火藥布袋,一百零六隻。

木礮口塞,一百零六個。

鐵鎖,一百零六把。

火繩火繩竿,一百零六枝。

礮架並礮具砲墊,一百零六副。

以上各物,不可缺一。

扛礮竹棍,二十四枝。

掘泥鋤頭,十枝。

畚箕,四十八隻。

長梯,一張。

大鑼,一面。

燒模泥磚,三千塊。

蔽內外竹,二百四□□。

虎頭牌,一對。

算盤,一個。

試礮上火藥,重四百斤。

做模胚磨彈礮什用小工,十六名。

做什器具木匠,四名。

遮箱油布,一百零六張。

工部尺,一百零六張。

烘藥篩,一百零六個。

司馬秤,重五兩鉛碼一百零六塊。

竹升,一百零六個。

引門針,一百零六枝。

綿紗紙火藥袋,一萬個。

扛礮教場演試工錢,九十三千文。

擇地搭棚安爐竈

凡鑄礮局,務擇近水幽僻空地一段,約可八十丈方。又有蓋住屋,三十丈方。則可排列六爐,鑄得一千斤礮之用。如鑄三千斤者,地方又當加寬。如逢有空地,而無住屋,則搭篷廠多費些銀兩,多備杉料,搭天棚以爲車泥模安窰爐之地,預逢雨水淋濕。其礮窰,大者搭高架,登高灌鑄;小者掘地深數尺,當簷下雨滴之處,周掘小溝,使水自瀉落低,庶不洩入模内,鑄成方無蜂窩。

釘礮車圖説見第二圖。

欲鑄礮位,首先釘車。法用松木板,厚五分許。繪礮形一半於紙上,然後將圖式用漿糊週圍粘于木板,務使均平;然後用針照原樣密刺板上,揭去圖式,針痕盡露,循跡繪明,便成礮車。即用繩墨定中線,作旋轉軸心。其車之旁邊,用鐵板鑲之,銼成礮形,庶不磨蝕。每礮車分爲二段,□□□泥模二圈,或三圈。礮車造畢,再將此圖繪在平板,務與車同,分釐不差,以便不時比對礮車。因礮車用時濕水漲大,或日久停工縮細,均無一定,故以此圖驗其消長,以便改正。如車漲大或縮小,均就中線改移出入分釐,另製橫直木一枝,引繩定中線。頭尾用木四枝,每二枝合爲一柱,夾緊橫木。木之中線向下,每礮模開一圓孔作樞紐。用垂線定下樞,樞户用堅木打椿,上頭鑽一小圓孔,與上空正對。將木車軸心上下安入,以能旋轉活動爲度。然後將泥模胚安定,逐段旋轉車之,視礮多寡,定其位置。

和勻四等泥沙説

凡做礮模,將□先備泥沙稻草,和勻。第一等粗沙泥,用□□百斤,粗沙五十斤,腐草三十斤,和勻。第二等中沙泥,用泥□□□沙□百斤。第三等上幼沙泥,用麵粉羅斗篩上幼沙一百斤,過篩白泥粉十斤,俱各和勻,在長方木池内蹂踏純透。第四等過篩白泥粉,用水攪勻如漿,聽用。

車礮模圖説見第二圖。

凡製礮模,首先尋有膠性田泥、沙、草,調勻四等泥沙,以足蹂踏熟透爲度。稻草必浸水,叠爲一堆,使自朽腐,方可用之。如調和泥沙太濕者,再用泥沙和之,以畧堅爲度。第一等用粗沙泥,做成模胚。每礮分爲六段,曬乾聽用。將第一段模胚用篾箍束緊，外加以泥，安入車位，居於橫木中線適中，用木車左右旋轉試之，務使不偏。又用第二等中沙泥，周圍敷之，將車旋之，有餘者去之，不足者補之；又用火籃盛炭燒焙使乾，再安第二段至第六段，如上法逐段製好。又用第三等上沙泥，如前法車之，以蓋模面。此次不用火焙，只須涼乾。逐段接口之笋，必預車凸凹陰陽嘴，若合符節然。即逐段取起，留底下一段不動。將第二段左右挖二空以安耳，耳之上邊恰居礮邊中線痕，用直尺對兩耳貫穿，視其兩邊均平直順，即就兩耳量至適中均平之處，爲礮上正面中線。自上而下，眇視中線，與下面樞中小孔正對。即用曲鐵線，自下而上劃一線作中線。次於兩耳適中礮上作識，立前表準。用上幼沙泥飾之，使無接口痕跡。然後安長方磚引門面，亦使正中不偏倚低昂。即刻年代、礮號、重數、官銜，上白泥漿。取第一段礮模安藥膛，比較居中均平。膛底引門內用粟皮灰塞實。頭□加泥沙□□。取第三等幼沙泥少許入藥膛底，再將□心塞入□泥□周圍迫□□□□□礮心，引門空不爲生鐵所塞。再將□□□□於第五段模□□不宜稍偏，然後將六段蓋之，即將礮模二三段□而爲一，用炭□入模燒紅模內，而礮心□當燒紅，均以去盡潮濕爲度。即晚安于礮窰坑中，候鑄。

車礮心圖說見第二圖。

車礮模不難，而車礮心不易。若小不用心，鑄起便不得用。法用圓直鐵枝一條，比礮身加長尺餘，頭作一孔，以便穿入絞轉。先用黃麻旋繞、扎緊，每三五寸跳疏一步，使泥沙貼於鐵枝，庶得堅固。次用粗沙泥糊之，比礮口而畧小。候乾，再用第二三等泥沙車之，用白泥漿擦之，必使一律圓正平直合度，然後過燒聽用。其扎麻車沙，務必均勻。倘若小鬆脆，鐵水烙到脫皮，鑄起不能光滑直順。或外大而內小，均不合用。其五百斤以上大礮，其模皮礮心當用鐵箍束緊，以免爆裂，鑄起庶得完成光滑。

車彈模圖說見第四圖。

凡製彈模，如大彈，用車製之，一如製礮模之法。小者，用泥造一圓彈，周徑用銅圈符之，以極圓爲度；候乾透，用泥合之，印爲兩畔圓；候乾，置泥彈於凹空，即用泥印成半凹圓模胚；俟半乾時，將泥彈置於凹模中，合之；如稍鬆大，用木尺拍之，使其緊貼；其接嘴四邊，劃直線作記，過燒，内擦烏煙，候用。

打熟鐵引門鑄藥膛圖説見第五圖。

凡生鐵，性剛，不能鑽通，故引門必用熟鐵打就，安於藥膛底。不宜小前，以防後坐。其引門身，外宜薄而内厚；其孔，則宜外小而内大。倘逢閉塞，以便自後斜前，對熟鐵皮鑽通。而鑄藥膛，先安熟鐵引門及三邊鐵枝，次用生鐵鑄就，將内底泥沙挖清。引門空，用粟皮灰舂實頭尾，用泥塞密，候用。

燒模安模圖説②

礮模既已製就，宜用炭□盛於模内，燒紅，使濕氣浄盡。即日將模内擦白泥漿，再擦烏烟。自下第一段，先後安至第六段。口朝於上，安於窰坑過半；半露地上，用松木板四邊夾一方倉形。然後用經過篩畧潤之泥，倒入舂實，以固其模。其泥不可太乾，恐不得力而模裂開；亦不宜太濕，恐鑄起多成蜂窩，或外光滑而内空脆。如安模之後，隔日不鑄，火氣下激，水氣上升，亦成蜂窩。視同窰，先傾鑄者，重數較足；後鑄者，水氣迫歸一處，煙氣沸騰，鑄起較輕。鑄礮之法，甚爲精微，非事事小心，難期得力。

安礮心圖説

昔時鑄礮者，俱礮口朝下，由礮尾四邊傾鑄，或由後珠灌入，究竟不能堅固。生鐵性堅剛沉重，先倒落者，潔淨在底，而輕脆者浮上。然礮之受力，全在尾後藥膛之後左右墙及兩耳，耳前至口不大得力。如朝下傾鑄，是强弱倒置。故辰前編，俱用礮口朝上。今在粵西，先鑄數位，匠人執舊例，朝下鑄就，礮頭光滑而尾不及。故令轉移朝上鑄起，不特礮尾光滑，即礮口及周身亦盡光潤可愛。人皆以朝上之式理法兼妙，只嫌工程浩大。今則變通爲用，於引門後及左右，加安熟鐵條三道；又於第五段模口，加熟鐵十字圈一個，上下束之，用生鐵碎塞緊，以限其心；將第六段模口蓋密。又慮其浮上離位，再於上頭立兩柱，施一鐵橫擔，栓住礮心；於兩柱下脚，亦用橫栓制之，使兩柱埋入地中，不可拔起，而後礮心不至浮上也。要傾鑄之時，即將第六段模蓋掀開傾鑄，使火氣有所出，庶不起泡；候倒將滿，蓋密，傾至滿足爲止。□礮隔十二時，方可開模。大者四五日，尚能炙手。

鎔鐵灌鑄緩急説

凡鑄礮，不宜用銅，以其性軟而價重，且演放易熱，故用生鐵鑄就。其生鐵，湖廣所產黑麻鐵爲最，然價太貴；其次，福建生鐵，及廣東惠州黑麻尖鍋鐵，新舊鍋皆良。餘之荒山新片鐵，均不能及。或以黑麻鐵八成，參夷麻鐵二成，合鎔純熟，鑄礮光滑，而無蜂窩痕跡。至於廣西舊鍋鐵，向來人未經鑄礮。前因廣東採辦黑麻舊鍋鐵未到，先買舊鐵造，試好醜。雖鑄起，敲打聲音響亮，然有一層渣滓浮面，上頭不能光滑，且有消縮寸許者。後來廣東鐵到，專用黑麻舊鍋鐵，鑄就，光滑堅固，不甚帶泥沙，易於打磨，省工甚多。照辰所配算法，周徑長短厚薄得宜，演試致遠有準。雖一百斤至五百斤小礮，能與廣東八千斤礮及夷人三千七百餘斤礮同遠，墜數亦相符。其鎔鐵水之法，每爐日可一千斤。爐口之上，用一白石橫之，使爐口之泥不化。先下炭，後下鐵。如是連下幾次，將風箱用力牽勻。其鐵先後鎔化入爐，至見紅色轉白、有火星飛騰爲度。即倒入鐵勺，二人抬到窰際，傾入礮模。傾倒之時，由模口直入，勿偏倚烙裂模邊及礮心，方不脱去沙泥。其水入模內，雖曾過燒，究竟有帶些微濕氣，畧作沸爆之聲；看鐵者小心審視，畧不沸泡，便當傾入。漸倒至近耳之際，當速倒過耳上，使熱水迫入兩耳；倘如稍遲，凝結不到，必有缺欠之嫌，便不得力。水過耳際，稍停片刻，視水已定，消蝕實額，又當陸續傾入。將近礮口，不宜太速倒滿，恐開模礮口之鐵消縮不足，那時不能補缺；然亦不可太緩傾入，恐稍凝結，倒入冷熱不相投，大者離一罅，小者隔一線，便不能堅光得力。人皆知鑄礮宜一氣速傾，至滿爲堅固；而不知鐵性能消蝕；不能一氣傾滿，當緩急得宜，方能成器。視黃金、紋銀、鉛、錫傾礮之時平滿，凝結之後皆有凹形。此是物性自然，人力不能轉移，非親歷鑄造不能解此細微。又如鑄小彈一事，亦人力所不能全之。因彈模細小，易於凝結。倒入之時，周圍已冷，冷處易凝；中心未結，消蝕在心。故彈蒂敲去十個，五六個有小孔。此亦自然之理，雖有巧手，不能無瑕也。

鎔生鐵消蝕説

鑄礮位礮彈，匠人知有消蝕，未曾計及多少。曾用廣西鐵鑄彈，其模一寸徑者，鑄起只九分六釐；二寸者，鑄起一寸九分二釐。礮口亦然。惟礮身之長僅消蝕二分，徑消一分。後用廣東黑麻鐵鑄彈，消蝕相同，而礮身長只縮二三分，身徑消蝕半分，口竟不消蝕。不能一定，不知用他鐵如何耳？凡鑄礮口、礮彈，必須預計消蝕百分之四，乃能相合。

鑄起新式礮位圖説見第六圖。

向來匠人，鑄造頭尾、周徑、藥膛、引門、礮口，不能算合，任意大小；只知鑄成圓鐵一條，中間一空，遂謂之礮。司礮者，亦只就礮演礮，未曾講究彈發高低遠近。不知此中之細微，分毫不能草率。夫西洋製物，恒遵勾股，立表測望，期在必合。其於造礮，皆準乎法。如上編第七頁，佛蘭西無表長礮；又第九頁，就中加安前後表長礮，所註尺寸，其製法精細，演放有準，則可知也。此式礮身頗長，食藥不多，致遠有準。其鐵，比荒山新片鐵加重十分之一，每寸□□六兩三錢九分一釐，與粵東黑麻尖鍋鐵一樣重數。然伊引□□鑄就，然後鑽之。内地鐵稍硬，而鑽鋼亦不及。又慮倘鑽得通，不能恰在藥膛底。若進前一分，演放必後坐。故鑄礮先打熟鐵引門，安于藥膛底，自後斜前。而藥膛先鑄起，安於礮尾，然後傾鑄。如此，則礮後鐵厚與西洋尺寸相同。惟恐先鑄者與後鑄雖亦一氣相投，恐有一髮相間，故於礮蒂加長一寸一分以固之。又，西式以礮前比後較薄，加表以補之，使與礮尾之徑平厚。直彈僅發六十七丈，再遠加高。在彼司礮者，人人諳習加高之數，瞭然心目。而内地用礮者，不知礮身前薄後厚，眇視目線與發彈中線軌跡不同，中有差高。若立表盡補前薄，出六十七丈以外，不知加高之數若干尺。今者於中融會變通，前表補不足數，自尾半徑四寸三分五釐，量至安前表之處。上半徑如長一尺七寸八分七釐者，一尺低一分七釐；算至前表，應低三分零四毫。就前表之處量上半徑，應有四寸零四釐六毫。今安表處只三寸一分七，上半徑不足八分七釐，即加表八分七釐以補之。餘俱倣此。如此，則每百丈差高一丈七尺，抵補彈墜。可自彈子出口直至一百丈，對靶眇視演放，而無差高之失。再遠再漸加高，或將後表小尺加升一二分便得。西洋安前後表，乃係隨時用螺旋釘安之，不用收起。各兵各管，珍重收藏。若依此製法，竊恐日久遺失，人莫知者。今又變通，前後表鑄在礮上，永遠不脫。倘後表小尺偶失之，就引門後長方磚面眇對前表，打一百丈以內眇正，出此以外，漸漸加高，均為一理。又，將引門加斜之，使彈出不縮。就中變通四事，比之西法更為便當。造而試之，演放鎮定不縮，致遠有準。雖至小礮，與至大夷礮同用，因號曰"新式礮位"，鑄在礮上以誌之。謹繪尺寸圖説於後：

計開：新式礮位算定尺寸重數，係用第六圖內工部尺式，俱自尾大徑量至礮口盡處算身長；後蒂並珠另算。

新式礮位身，自甲至壬，長三尺九寸七分。自甲第一方線後邊徑八寸一分之處，量至乙字第二半圓線中間，長五寸。此處身徑七尺五分五釐。量至丙第三方線中，長六寸五分，身徑六寸九分。又量至丁耳心及安表處，長六寸三分七釐，身徑六寸三分五釐。又至戊，長二寸一分，身徑六寸一分五釐。至己，長三分五釐，身徑五寸八分五釐。至庚，得長一尺四寸七分三釐，而身徑四寸五分五釐。又至壬，長四寸六分五釐。甲第一方線，高一分，闊八分；線下身徑七寸九分。乙第二半圓線，高三分，闊五分六釐。丙第三方線，高一分，闊五分六釐。庚第四半圓線，高三分，闊五分六釐。後珠徑與口等，徑二寸二分。並小頸，長二寸五分。小頸，徑一寸六分。蒂，原長四分，今酌加一寸一分，共長一寸五分。後徑三寸六分。前交尾徑處，厚二釐。長方磚引門，長二寸二分，闊一寸五分。引門空，居在適中，斜出藥膛底。長方磚幔，過甲第一線，比身高三分，比線高二分。另,加鑄一方磚形,長闊各一寸半,厚亦然;正面當中,開一横池,左右闊七分,前後闊三分。製一後表小尺,長約二寸,恰合横池之大,以便穿入。尺之上,鑽一小孔,以視前表;孔下,劃一横線,作平放直彈之線。又劃尺之七釐,作第一線;又八釐,作第二線;又八釐,作第三線。每線加遠十丈,皆照算法而定。另有計算之方列於後,不可任意鑽劃。而前表高八分七釐,底座徑一寸四分可也。後表之後,製一圓輪,螺旋釘轉緊之,使表尺升降時有所牽制。其礮口之線,離口一寸一分;退一分五釐,又闊一分五釐;再退一分五釐,又闊一分五釐。再退後,漸升高至辛字大徑之處。其腹與口等,一直至藥膛底,徑俱二寸二分,長三尺六寸八分。引門自長方磚面正中斜出一寸,至藥膛底平齊。藥膛底至尾徑後,厚二寸九分;左右墻厚二寸七分七釐。耳徑二寸二分,長二寸四分;另加耳座,厚五分,徑三寸二分。座之前,離戊字五分位。算法:自甲徑七寸九分,合戊徑六寸一分五釐,對半扯七寸零二釐;己徑五寸八分五釐,合庚徑四寸五分五釐,對半扯之得徑五寸二分;視長若干。後珠並蒂耳及座,辛處凸大及四線,俱各另算,共積若干寸。除口徑二寸二分、長三尺六寸八分計算,積若干寸。除此而外,餘存若干寸。以每寸方重六兩三錢九分一釐爲法乘之,便知此礮積一千一百六十四寸,重四百六十五斤。餘皆倣此。今以此礮爲母,詳註明晰,以便做鑄。如欲鑄九折以下小礮,或加一以上大礮,欲大者用大尺作小尺,小者用小尺作大尺。照數比量、繪圖、釘車、鑄起,便與礮母一樣,分毫不差,惟重數不同。謹列於後,以便做鑄。辛徑六寸二分。

用工部尺算礮重數彙列於後

　　二尺四寸三分作一尺者鑄起,積一萬六千七百寸,重六千六百七十斤,鑄字作六千斤用。書中所定重數,乃暑天所鑄;如寒天鑄造,鐵水潔淨,每百斤加重六斤。

　　二尺二寸七分作一尺者鑄起,積一萬三千六百二十寸,重五千四百四十斤,鑄字作五千斤用。

　　二尺長分作一尺者鑄起,積九千三百一十三寸,重三千七百二十斤,鑄字作三千一百斤用。

一尺四寸長分作一尺者鑄起,積三千一百九十四寸,重一千二百七十一斤,鑄字作一千一百五十斤用。

一尺三寸八分長分作一尺者鑄起,積三千零五十九寸,重一千二百二十斤,鑄字作一千一百斤用。

一尺三寸四分長分作一尺者鑄起,積二千八百零一寸,重一千一百二十斤,鑄字作一千斤用。

一尺二寸四分長分作一尺者鑄起,積二千二百一十九寸,重八百八十斤,鑄字作八百斤用。

一尺二寸長分作一尺者鑄起,積二□□□□□□□□□三斤,鑄字作七百斤用。

一尺一寸三分長作一尺者鑄起,積□□□□□,重六百七十斤,鑄字作六百斤用。

一尺零六分長分作一尺者鑄起,積一千三百□十六寸,重五百五十三斤,鑄字作五百斤用。

九寸長分作一尺者鑄起,積八百四十八寸六分,重三百三十九斤,鑄字當作三百斤用。

八寸長分作一尺者鑄起,積五百九十六寸,重二百三十八斤,鑄字作二百斤用。

七寸二分長分作一尺者鑄起,積四百三十四寸,重一百七十三斤,鑄字作一百五十斤用。

六寸三分長分作一尺者鑄起,積二百九十一寸,重一百十六斤,鑄字作一百斤用。

三寸一分五釐分作一尺者鑄起,積三十六寸,重一十四斤八兩。

二寸長分作一尺者鑄起,積九寸三分,重三斤十二兩。

右鑄起所以礮上減寫重數者,恐人拘常例每百斤礮用藥四兩,則有過多;故減寫斤兩以合之。雖仍然加用,尚不太過。

安前後表法

加表準之法，原以礮尾受力，鑄起加厚；礮頭不大受力，鑄起畧薄。因眇視目線，自引門後眇對礮頭上，正對敵人。彈子由礮腹中線直出，中有差高，故加表以補其薄，使與礮尾平厚，則眇視目線與發彈中線平行，而無差高。如力已微，彈子漸遠漸降，則加高補墜。苟不安表以平之，則彈出有力之際，百丈以內，皆差高成丈；必俟力微降下，始能中肯。今恐人視空中茫茫，不曉加高之數，故就加表之中，稍爲變通。如此長三尺九寸七分之礮，尾徑八寸一分，除下半徑不算，而上半徑四寸零五釐，加長方磚引門高於第一線二分，後表盡處又加高一分，共四寸三分五釐；量至安前表位，長一尺七寸八分七釐。每長一尺，低一分七釐，計之表處，當比尾徑低三分零四毫，此處半徑，應四寸零五釐。今量得表處上半徑只三寸一分七釐五毫，尚欠八分七釐，故加表並座高八分七釐以補之。此則每百丈發彈中線比目線差高一丈七尺，抵補彈墜，恰能相符；則直彈可打一百丈以內，而無差高之失。

推算前後表小尺分數

推算後表小尺，本就墜數計算而後知之。如一百丈遠之處，彈墜一丈九尺。此處差高一丈七尺，抵墜，尚低一尺。作直彈用之，而後表小尺刻一平字，上畫一線作平線，線上鑽小孔眇視。如一百一十丈，彈墜二丈三尺，差高一丈八尺七寸，尚多墜四尺三寸；以多墜，爲實，以一百一十丈之處，每度一丈八尺七寸爲法除之，得度之二分三釐，比尺上七釐，即於後表小尺平線下量七釐刻一橫線。又如一百二十丈，彈墜三丈，差高二丈零四寸，尚多墜九尺六寸；爲實，以二丈零四寸爲法除之，得度之四分七釐，比尺上一分五釐，即於平線下量一分五釐，復刻一橫線。又如一百三十丈，彈墜三丈八尺，差高二丈二尺一寸，尚多墜一丈五尺九寸；爲實，以二丈二尺一寸爲法除之，得度之七分二釐，折[3]尺上二分三釐，即於平線下量二分三釐，刻一橫線便是。

丈尺變度數算法

今礮尾至前表，長一尺七寸八分七釐；又加後表至尾七分五釐，共長一尺八寸六分二釐作半徑。再加半徑，得全徑三尺七寸二分四釐。以徑一尺得周三尺一寸□分□釐五毫九絲零計之，得□一丈一尺七寸，作周天三百六十度□之，得每度工部尺三分□釐二毫；分作十分算，每分工部尺三釐□毫五絲。如一百三十丈離平線下度之七分二以度之一分爲尺十三釐二毫五絲，計算得工部尺上二分三釐是也。餘皆倣此。

油礮安架圖説見第七圖、第八圖。

礮已鑄就，打去內外泥沙，約當二日。□炭火燒□□日。再銼再磨二日。先對太陽照礮腹，有無弊病；用彈□□□藥膛合否。量覆周身尺寸抄起，用繩墨試之，視前表與後表安正否，高低合否。如有不正，將後表小孔移偏相就。就中線定□□鑽後表小孔，即推算墜數，刻橫線於小尺，用洋礮油飾之，便□□異。冬天與吹風日一□□乾，隔日上架。又隔一日，抬往礮場試之，計須七日。演試大者□餘日。試之時，先下足藥，不入彈試之；次入足藥，下彈試之；再下□□尋常加十分之四試之。如已堅固，便可分發軍營用之。倘試有一二不合用，則燒紅淬水，打碎過鎔再鑄；不得咎監造、成造之人，云辦理不好。倘以此咎鑄造之人，後來匠人不惟不敢奉公，且逢試□欲格外多下藥，匠人恐畏，多方排解，不可多用火藥。萬一用時有誤，其禍更大。西洋鑄礮起時，必擇曠遠人跡罕到地方，倍用火藥或加十分之五，試之得用，方算成器。因鐵性雖好，亦有時□□人力不能如意者，非官親歷督鑄，不知此中工程雖靠人事□□鑄造，尚藉天然而成。閱前鎔鐵緩急一題，可以周知也。其礮架因山路崎嶇，用人力舉之。故變通去輪，加底板作磨盤架，極爲靈便。見第七圖便明晰。其第八圖，北方陸戰正爲利用，一千斤礮用力七十餘斤而已。

鑄彈用彈補述

鑄大彈之法，車彈圖説已言其畧。而前此所載各種彈子用法，茲復逐一演試比較,補述其詳。西瓜礮彈,徑五寸一分,厚三分五釐,重十斤,入藥八兩,入小子一斤半,共重十二斤。仰放六百丈,彈炸周圍一百餘丈。菠蘿彈因有鐵砧在後推送,打至成百丈始行分散,傷人必多。盒彈打八九十丈,至三四五十丈一路纔分散。其中二大子,遠不輸大彈;其小子,掃寬擊衆,甚利於用。製亦簡便,軍營中極贊賞得法。雞子彈,徑合礮口,長比徑加十分之五。口須在旁,方能着火;中空入藥及小子,與獨彈一樣重數,遠與菠蘿彈相等。有時出口就響,有時到處即響,不能一定。惟烘藥配之得宜,可定分秒到靶即響。並蒂彈,遠不遜獨彈。響彈與獨彈同遠,惟飛鳴空中,敵人聞之膽落。火彈,樟腦爲君,硝磺次之,鉛粉、杉炭及舊麻些許同舂,做成小丸,入於空心彈内,炸開飛噴焚燒。如做成大彈入礮腹,礮力洪大,不俟着火打出已碎。凡各火器,利用與否,一一實陳。不似《火龍經》之矜奇炫異,造試不驗。

鑄生鐵小子法④見第九圖。

鑄羣子,小者徑七分,重一兩二錢;稍大者徑九分,重二兩三錢。用土模,每模四十個,約重四斤。破模出子,工程甚大。今所造盒彈,每盒羣子二個。用此鑄法,急用不能應手。故示補鍋匠人,用鐵半圓鑽鑽於磚上,約過半圓凹窟,一磚可鑽數十窟,鎔生鐵,用泥匙取倒入模,便成圓彈。鐵炭,軍營自備與用,每斤工錢四十餘文,另買白馬口鐵盒裝之便是。

裝盒彈尺寸分兩

大小礮用獨彈,以敵人迫近而不用,欲用盒彈者,如□當用獨彈,徑二寸,重二十七兩,而此礮之盒彈,徑亦二寸,長比徑加十分之二,計二寸四分,入羣子二個,加徑四五六分,重二三四五錢,生鐵小子,入至滿稱之,恰盛重二十七兩。總之,徑與獨彈等,而長比徑加十分之二,裝起恰合斤兩。餘皆倣此。馬口鐵盒,廣東辦買,每個價銀一分或七八釐。三五日之間可定買萬餘,甚易應手。廣西買白鐵與錫匠做,價約加倍。惟鑄小子,每爐二匠,約一日可鑄十斤。今所鑄三

爐，日可三十斤，計鑄二千餘斤，羣子在外。另每期鑄彈敲起彈蒂，每盒亦可配
入一蒂，免耗炭火再鎔。

鑄演西瓜礮圖説見第十圖。

西瓜礮，或謂之"飛礮"，以其點放之時，必向空斜放，彈凌空墜落，故云。
前編西洋用各式火彈圖説題內，已言其畧。兹就西書繙譯圖説，鑄成二位，演試
力量、準頭如何。其式係就彼所繪，以大縮小。圖繪百分之七十六分，即所謂七
六折是也。將圖鑄成，得工部尺自頭徑至尾徑，長二尺五寸九分；後珠徑二寸二
分；珠並蒂長五寸；頭徑、腰徑、尾徑，俱一尺零一分；瘦處身徑九寸零五釐；口徑
五寸六分；長至底二尺二寸九分；藥膛小狹，徑二寸七分；自彈際闊處至底，長七
寸一分五釐；耳座，徑六寸二分，厚三分；耳，徑三寸四分，長與徑等；引門斜出六
分，通至藥膛底。計積一千五百寸，重六百斤。用空心彈，徑五寸一分，厚三分
五釐，重十斤；入火藥八兩，小子二十四兩，共重十二斤。用上火藥二斤。將定
平針安於架上，視其未平者，將四脚螺旋釘轉至均平爲度，然後用象限較之，自
一度至十五度止，列於後。餘爲山阻隔，彈子過山不可見，留爲後來推廣。就十
五度遠五百丈，與西書相似，則至四十五度亦必相同。順將西書附列於後，庶知
力量幾何。初未經演試，以大礮身長一藥送二彈，力量幾遠。而此礮身短口大，
而彈徑至五寸一分，□薄亦須三分五釐，並所入藥子，重已有十二斤。若就原樣
藥膛之長與徑，只堪下藥二斤，送彈四斤，安能吹得如許之遠？故藥膛長加三
寸，徑加一寸，外皮加厚五分，口及彈仍舊額，計積二千寸，重約八百斤，裝藥六
斤演放。因藥過多，礮身翻跳。漸減至二斤，始稍安貼。則照初繪，藥膛積四十
一寸，裝藥二斤許者爲得宜，不可更改。今繪此圖，重六百斤者是也。初演之
時，彈口藥線向外常不過引，向內易於炸裂，或在空中一響炸散，或過遠不可見。
後想出中平之法：用木架一個，鑽六孔，穿六小繩縛空心彈，其口向旁邊；由螺
旋管內下慢藥，舂鎚足實；將滿之時，下藥線一寸許，加上藥幾分，再舂足實。取
彈入礮腹，其口及藥線俱向上邊，而上邊本有離開一縫，使火氣可燃藥線。演放

之時,藥線燃及烘藥慢藥,彈凌空而去。用手按脉十五六,至約遠五里有餘下地,方一響炸開。不知小子鐵皮所及周圍若干丈數,因取一空心彈,如法裝藥彈,入於山巖洞口點放,其聲如雷,洞口爲之擊傷,小子鐵皮飛噴周圍百餘丈。又以多用空彈,螺旋管又不易爲,故制大黄烟方入於彈中演試。彈子一路吐烟,凌空飛鳴,至下地尚吹噴許久,以得拾回。時而用噴筒藥裝入,一路吐火花,更爲有趣。惜其體重,難以運動。若就此圖再縮小一百分之六十八分四釐,繪圖鑄起,重二百斤,口徑三寸九分,彈厚二分,半徑三寸五分,重三斤六兩,藥用六兩者,則可運往軍營擊賊之用。此器能以酌量高幾度,可遠幾何用之,不能精準;即西人用之,亦然如此。

現試西瓜礮彈遠近數目

高一度遠八十丈,一度半一百三十五丈,二度一百五十丈,三度一百八十丈,四度二百一十丈,五度二百三十丈,六度二百五十丈,十度三百五十丈,十五度五百丈。

繙譯西書

略平放一百二十丈,十五度五百四十丈,十六度五百七十丈,二十度六百九十丈,二十五度八百二十丈,二十七度八百七十丈,二十九度九百一十丈,三十度九百三十丈,三十二度九百七十丈,三十四度一千零三十丈,三十八度一千零六十丈,四十度一千零七十丈,四十三度一千零八十丈,四十五度一千零九十丈。

據云:在陸路用勾股舉隅之法,測視前處幾遠,相度演放,頗能相近,不能十分準繩;如在船上左右欹側,難施儀器,不能定準者,則約畧放之。

西瓜礮空心彈圖説見第十圖。

製空心彈如製大彈之法,先製外模,後製内模,如此中外模彈徑一寸一分,厚要三分五釐者,則模内當於模中印一泥彈,徑四寸四分,將□□□螺旋圈安於泥彈下面,凸起三分五釐,另打開鍋鐵碎□□□□周身高可三分五釐,然後將泥彈安於外模之内，上下蓋□□不搖動爲度。即將鐵水鎔浄，傾入模口使滿，乘未堅時□去□□□鐵水與彈面齊平。小頃掀開，即成圓彈。然後去泥，加□□□□□聽用。

空心彈中螺旋管圖説見第十圖。

今所用空心彈用銅製就，身長四寸二分，下空徑二分，外皮徑三分，上頭□□□分，外皮徑七分，起螺旋線，近口處周加闊一分，共徑九分，□□□隙以便開閉。另製熟鐵圈一個，高六分，外徑一寸三分，内□□□□空内較作母螺旋。近口處，周加闊一分，徑亦九分，以便□□□出入，恰得符笋均平。公母既已配□，將母圈外邊鉒三深□□□□於泥彈内，鐵水倒入，方得咬緊，不致脱落。若小者不用□□□□用堅木製就，亦可用之，以省繁費。其螺旋管所用慢藥，□中□有詳明。若舂實，加入藥線寸許，再加火藥幾分，舂實，可發十六秒；按手中之脉十六至便是。其礮彈三秒之久，飛遠約一里，聽彈子飛鳴可知遠近。如打近，則慢藥小用，隨時按算之。

製火藥補述

製火藥之方頗多。其硝磺提浄。炭，用柳炭爲最；其次，茄稈炭，蘇杆炭，此三物不易多得；又其次，杉炭，亦輕飄易得。得此硝磺、杉炭，加汾酒，合製精細，亦可適用，無俟異求。前編有載：粤東有人精製火藥，加冰片、犀角等物造起得用；然每旬製藥不多，工程既大，價本亦重。若軍營多需數萬斤，急難應手。兹就初刻原本之法配造，每火藥一百斤，内用提浄牙硝七十五斤，浄磺十斤，杉炭十五斤，汾酒十斤，用河水些少；先將硝落水煮鎔，連鍋取起地上。將炭研末、過篩，極細即倒落入鍋攪匀。入木杵石臼碓内，用脚踏舂。二人輪流舂掃。一人舂，一人掃。足力務必均匀，不可停息。約舂一萬下，取起曬乾，再舂□細；然後和磺及汾酒、飯湯，再舂二萬下，取起曬乾，用小孔糠篩，□數斤用刀三四枝雙手砍之，篩出藥珠。篩完再用糠篩篩，□□□，再和水舂之，再曬，再篩。若不做成

珠,恐遇風飛颺,易於引□,□恐□□沉重墜下,硝炭在上。搖動日久,而先用者
輕浮無力,□□□□剛力橫,炸壞火器。如此方造藥一斤,送彈二斤,有力致
□□購夷藥一百斤,似在内地製成,不異西來之藥。與此藥比較□□亦係一藥
送二彈。似此毋俟外求。就此方造藥,工程亦易爲。

提　硝　磺　法

　　古方提硝之法,亦較繁瑣,似不用如彼製造。今提硝□斤者,只用河水下
鍋,用柴火煑鎔,又用剗匙頻剗之,毋使粘鍋底;另用牛皮膠半斤煑鎔,加盛小罐
内,取膠水一二兩入硝沸之,有污穢浮上,收入他器。如是者十數次,至無垢可
收、清净爲止。視□□□□於剗匙之上爲度。即用細布濾入有釉光滑瓦盆内,
隔□□□亮如水晶,白如棉花爲度。其盆内預用一繩縛一木安於中心,凝結之
後,由繩取起。盆下有些硝水,並前收取之污水合煮,再用前法提净,合前硝成
塊,用棉紗紙包藏於爐灰或稻灰内,一二日取起,便無鹹鹼氣味。又如提磺之
法,古今方有云:用茶油及牛油,先入鍋底煑之,次將打碎之磺先後投入煑鎔,
用布濾入瓦盆,油浮於上,去油存磺。又方:恐油難出,用水煑牛油,後下磺末,
煑之,用籬去浮污,用布濾入瓦盆,油自浮上,去油聽用。此二方俱試之,油均不
能去,且使磺雜油性,滑潤不乾,不能研細。後擇净磺,去底下一皮渣滓,研末篩
細,去砂泥聽用。凡火藥未急用,預存防閑。需用者,其硝、磺、炭製便,細粉各
盛甕中,用時合舂,較免擔心。

火藥局藥庫制式見第十一圖。

　　凡火藥局不離柴火,火藥庫務離隔遠,勿合爲一處。均須擇幽僻曠野、距人
烟稍遠者,□爲周密。然幽僻曠遠,又慮奸細放火劫奪,宜設弁兵巡邏看守。火
藥造成,收入藥庫。庫制又當堅固周密,上面四圍開窗,使地下□濕之氣,方得
由此而出。窗門不可直達於内,恐防放火之患。宜□開正面,然後轉入偏面,再
用鐵線網由内釘緊,使潮氣得出,□燭難入。又下面必用地板墊高二尺,周圍亦

如上面之法,開窗□□潮氣。又恐地下常有雷火鬱結而成,或謂之"遊火",能自焚燒。□開小窗,以伸其鬱,不致成火。屋□□□□□用密椽厚桷,加□磚一層鋪之,然後粘灰蓋瓦。正門中開,另外加圍加築三合土墻,高過內庫之脊。其墻門分爲二,先正而後偏。平時戍兵防守,謹慎火燭,庶爲萬全。

大 黄 烟 方

此物其用有二:一者,我軍居於敵人上風,用此藥入竹筒內,竹節之上鑽一孔,徑一分,由後入黃烟,小孔中加藥線,後面筒口用泥塞緊,舂實,點放,黃烟直吐,朦蔽面目,由上風直迫敵前。我軍乘勢作氣,直追勦殺。其一,西瓜礮較試遠近,若個個用炸藥,彈到炸壞,繁費不少;今用此方製就,入於空心彈內,然後將螺旋管先安藥線,次下好火藥重數分,再下慢藥數分,近口處又下好火藥,入於西瓜礮內,口及藥線向上邊。放去飛空墜地,吐烟十餘秒之久,黃烟騰入雲霄,易於拾回。將方列後:

净硝二兩,净磺二錢,雄黃一兩六錢,石黃五錢,信石二錢。各爲細末,過羅篩去砂塊,再合匀便是。所用石黃一物,其性主滯不着火,因恐以上之物發火太速,用此緩之。五者不可加減,若分兩不合,便不能着火。

慢 藥 緩 急 法

編中製火藥之法,每百斤用净硝七十五斤,净磺十斤,杉炭十五斤,加汾酒、河水,舂煉二萬杵便是。今西瓜礮彈螺旋管,入烘藥不可用上藥,發之太速,必在礮中就炸;必須用慢藥,入螺旋管內,分幾次漸漸舂實,至近口寸許入藥線,加好火藥,舂滿。使礮響,藥綫燃及火藥並慢藥發十餘秒之久,彈飛空下地,始一響炸開。其慢藥方,就此中製好火藥十兩,加杉炭二兩,各研細末,過篩拌匀便是。此藥可造火箭用,曾試有效矣。

火 噴 筒 藥 方[⑤]

將前方製便火藥十兩,加杉炭末二兩,合研過篩,加鐵粉四兩,拌匀便是。

作花號藥,亦同此法。

火 餅 藥 方

淨硝五兩四錢,淨磺四兩,樟腦二錢,杉炭四錢一分,鉛粉五錢,各爲細末,舊蔴絨六錢。剪碎主燃以上合舂透,用竹筒裝盛舂實,放鍋底焙之,上覆細沙,至竹皮焦黑爲度。取起涼乾,切成餅形,左右用刀削二隙;又用慢藥線對隙繫之。用長節竹筒一枝,節長三尺許,節後一尺許,安木柄竹節之上,實以乾土,外扎籐皮,入噴筒藥二兩,加火藥五錢,入合腔口藥餅一個。又如上法再裝至第四餅,上加噴筒藥六錢,上塞粗紙,外加藥線一條,自內通出外口點放,逐餅放出,火球大如小碗,飛空六十丈下地,焚燒人馬營寨,可一二刻之久。樟腦之力爲大,裝入之時,須用木棍探入,微微舂之,使火藥與噴筒藥不相混雜,庶不一響盡出。火餅所以能燃,賴噴筒藥慢發,燒餅着火,燃及慢藥線,至火藥際,即發出推送藥餅。使非慢藥燒盪,藥餅不燃。曾將藥餅入於大礮放之,因火力洪大,迅速一鼓出,碎裂散開,並不見火也。然竹筒難得,一放就壞,□□鑄就生鐵二枝入放,永遠可用。

紙 爆 藥 方

硝六十九斤,磺十三斤十二兩,炭十七斤四兩。如製火藥法便是。

火 箭 藥 方

淨硝八兩六錢,淨磺四錢,杉炭三兩一錢。如製火藥法,候用多製倣此。

火 箭 圖 説 見第十二圖。

火箭法,如第十二圖所繪尺寸,熟鐵打就,內外光圓,合口打得均平無痕跡。其底下圓鐵一片,四角生出小四角,如半銀錠樣,外闊內狹,將火箭後徑一寸七分之下邊解四隙,恰合四銀錠安入。然後浸泥漿,爐火燒粘;不可用銅燒粘,火發必鎔。其蓋起筍,恰符筒口,裝後用釘二枝栓緊。其柄,楝木亦可,總以圓正平直爲度。每枝裝火箭藥二十五兩，分八十次由口裝入，每次三錢一分；用圓鐵杵舂實，上加鐵鎚，用力掙搗二百五十下，然後蓋密，用釘栓緊。其底下五空，用尖圓錐鑽入六寸；不可用尖方錐，恐鑽出藥末，便不能得力。鑽畢，用打雙藥線五條穿入，然後五條編爲一總繩，安鐵螺旋柄，又安木柄。自鐵柄開叉口銳角量後二寸，用手指擔之，試其兩端均平否；如木尾輕則加重，重則削小，以兩頭平重爲度。然後安於叉架，約向空高四十五度點放。遠可二百餘丈，下地時箭頭□□尚能四處衝撞。後底五孔出□焚燒一刻之久，烟霧迷□□燒敵營，□鋒破陣，人遭必死，甚爲得用。其功力與火礮並烈。

地雷便捷圖説見第十三圖。

地雷之法甚繁。或用大礮入藥，藏於地中；或用酒甕盛火藥，上安藥線，引以竹筒，彼此牽連相續，埋藏火母，上覆亂石，面蓋以土。敵人踐之，機動火發，雖亦簡便，然不能定時候，從心所欲；又恐埋藏日久，潮濕藥性，不能得心應手。莫如製堅木箱，內外漆固，內裝火藥。每箱約重五六十斤，周圍封固加漆，使濕氣不入，只留左右凸出公螺旋口二道，可接母螺旋筒，每筒五尺，遠近任意接出，內入烘藥。十箱八箱，俱連爲一，藏於地中，上壓石塊。將前後二處，安自來火雞二個，純鋼對□引門二具，安自來火銅帽二個，火雞用繩縛之，埋藏地中。引長約一二百丈，開一地道，安置乾糧，可食數日。募勇敢二人在內，管領扯繩。人入其中，掩土覆之，密留小孔，使通呼吸。與約暗號，如引敵人入陣，過地雷約一半，官軍放號礮爲號，在地道之人聞之，將繩一扯，地雷一響，石塊飛擊，則敵人成齏粉。官軍乘勢返戈追勦，使之靡有孑遺。此在善用兵者留意焉。若如此製法，外氣不入，不患日久潮濕。且不用則收起，用螺旋蓋蓋密引門；用則隨時埋藏，携取極便。

推算象限儀度分

前編較驗大礮發彈墜數，與此編奉憲手製新式小礮墜數恰能相符，曾用象限儀較之。推算於後：

打二十丈靶，象限儀高二分八釐者，原每遠十丈，每度差高一尺七寸五分；今高二分八釐，差高五寸，加遠至二十丈乘之，差高一尺。抵二十丈處，彈墜一尺。

打三十丈靶，象限儀高四分七釐者，原每遠十丈，每度差高一尺七寸五分；今高四分七釐，差高八寸二分二釐，加遠至三十丈乘之，差高二尺五寸。抵三十丈處，彈墜二尺五寸。

打六十丈靶，象限儀高一度者，原每遠十丈，每度差高一尺七寸五分；今高一度，差高一尺七寸五分，加遠至六十丈乘之，差高一丈零五寸。抵六十丈處，彈墜一丈。

打八十丈靶，象限儀高八分五釐者，原每遠十丈，每度差高一尺七寸五分；今高八分五釐，差高一尺四寸九分，加遠至八十丈乘之，差高一丈二尺。抵八十丈處，彈墜一丈二尺。

打九十丈靶，象限儀高九分六釐者，原每遠十丈，每度差高一尺七寸五分；今高九分六釐，差高一尺六寸八分，加遠至九十丈乘之，差高一丈五尺。抵九十丈處，彈墜一丈五尺。

打一百丈靶，象限儀高一度一分者，原每遠十丈，每度差高一尺七寸五分；今高一度一分，差高一尺九寸二分五釐，加遠至一百丈乘之，差高一丈九尺。抵九十丈處，彈墜一丈九尺。

打一百一十丈靶，象限儀高一度二分者，原每遠十丈，每度差高一尺七寸五分；今高一度二分，差高二尺一寸，加遠至一百一十丈乘之，差高二丈三尺。抵一百一十丈處，彈墜二丈三尺。

打一百二十丈靶，象限儀高一度四分者，原每遠十丈，每度差高一尺七寸五分；今高一度四分，差高二尺四寸五分，加遠至一百二十丈乘之，差高三丈。抵一百二十丈處，彈墜三丈。

打一百三十丈靶，象限儀高一度七分者，原每遠十丈，每度差高一丈七尺五寸;今高一度七分,差高二尺九寸七分五釐,加遠至一百三十丈乘之,差高三丈八尺。抵一百三十丈處,彈墜三丈八尺。以上墜數,俱是戰礮也。其闊口守礮,墜數加多。

如以墜數算爲象限儀度分者,以墜數爲實,以遠數爲法除之,便知高數;再以每度高一丈七尺五寸爲法除之,便知象限儀高幾度。譬如今演一礮,距靶一百一十丈,彈墜二丈三尺一寸爲實。以一百一十丈爲法除之,得高二丈一尺;又以每度高一丈七尺五寸爲法除之,得象限儀高一度二分是也。餘可倣此。

立遠近靶比較大小礮墜數

前編云:在廣東省城燕塘演練一千斤至八千斤大礮,墜數相似。是以得筆之於書,以便軍營用礮有所把握。而五百斤以下,偶試一二礮,皆力微不能遠及。當時水師用礮,皆自一千斤以上,小者不適於用。竊以小礮既不適用,必須變通,用勾股之法,以大縮小,配合周徑長短,方能致遠有力。今在廣西軍營,仍譜前編變通,製造新式小礮。自一百斤至四五百斤,分立三十丈、六十丈、九十丈、一百丈、一百三十丈五站礮靶,演試墜數;又恰與前編一千斤至八千斤致遠墜數皆合。以此推算度分,刻於後表小尺之上,按度分演放,發多中肯。茲既刻於小尺,便不用象限儀較試,均爲一理也。

演練教習礮法

今在桂林大教場較試新式小礮,自一百斤至四五百斤,皆致遠有準。雖一百斤小礮,與廣東鑄之八千斤及西洋三千七百五十斤礮同遠。平放畧高,遠一百六十丈;仰放,五百餘丈。立靶高一丈五尺,闊一丈;自下而上,每尺畫一橫線,中畫大紅輪,上下兩小輪,分立遠近靶,逐期較試。其獨彈,十礮中四礮至五六礮不一;而盒彈,十礮中七八礮。細驗着靶之線墜數,與前相符。而近者多中,漸遠漸少。此固理所當然。細視軌道所及,瞭然於心矣。因視中六十丈者極準,亦有偏左右二三四尺;引而長之,至一百三十丈中者,則偏六七八尺。如眇視稍不正對,則不能着靶。苟引而至一百五十丈,則偏一丈餘;任我此處眇正，彈到彼處，總有偏去不中。故謂一百三十丈以外不能有準，此自然之理也。因礮力洪大，彈去甚遠。其所致偏之由，不能盡述。有鑄時礮腹小偏一分，人視不甚明顯；而彈去到彼，必差數尺。或礮腹安正，而表準前後小偏，亦不能正對。或礮腹稍有不平，彈出不直。或礮內礮外無弊，而安礮之地，有左右欹斜或偶逢狂風，均能偏倚。此偏左右之弊也。至者高低之差，更爲細微。或火藥有美惡之分，力量不同。或一樣之藥，不同一人洗舂，舂之不實；或同一人舂之，先舂者力大，經演數礮，氣力小弱，舂之不實，均有高下之差，故不宜太遠。此差高低之由也。此中之細微，非專習此器者，不能會通其底裡。爰請中堂於隨帶京火器營弁兵，派委四十餘名，依法指畫。先令不下藥彈，空作探洗，下藥入彈加麻，撬視紅輪之法。每晨一較。數日下教場，用藥彈演試二三日，發多中肯。蓋因火器營弁兵，精習鳥鎗眇視之法，本已熟手。其大小礮位，指示關鍵，審其遠近，則其藝可立就也。

臨閱演礮獎賞有差

九月初三吉日，中堂親臨教場閱礮，派火器營弁兵四十餘名，即將鑄起新式礮位，自一百斤至四五百斤止，共十四位。安定後表小尺，配合藥彈，導其審視遠近之法。令火器營弁兵自行眇視，入獨彈一十四出，打中九出；又入盒彈十四出，亦中九出。又閱西瓜礮二出，較合象限儀：高十三度，彈遠不見；其一高五度，彈發二百五十丈，四散炸開，令人拾回三塊。

中堂喜辰鑄演督率有方，先行恩賞御賜荷包一個；幫辦司事二名，紋銀八兩；鑄匠十二名，銅錢五十千文。

權 變 用 彈

演礮用彈，配合膛口，方能致遠有力，此理所必然也。苟逢無合用之彈，不能以所用之火藥一斤送彈二斤者，如彈只一斤或一斤半，亦可權用。又如無獨彈，可用羣子，用布包之，約藥一斤，送子二斤，眇視署高，均可中肯。曾經演試，頗有準繩。惟彈若太小，不能猛烈，難以摧堅破鋭；且有時飄搖，不能十分有準。細揣小彈所以能致遠者，雖不滿膛口，火氣旁洩，力量不足，然彈小身輕，均可吹到也。或無彈可用，斬鐵條成段，或溪澗石卵作獨彈，小者作羣子用。

空　比　練　習

礮法所以少人熟識者，亦有由來。蓋因大礮彈發甚遠，演練之場，必前無村落耕作之地，又當有三四里之遠，前面有山作屏障者，方資適用，以此爲難。若在省會，尚有春秋二季，下藥演放，多不下彈。若在府州縣城，有終老未曾聞見者也。如粤東最爲廣鑄火器之地，十年前演礮者，有於礮旁掘坑，點放避入者；而礮上又當用米包壓之，點時用皮掌拍之。諸多瑣碎，因素罕見，故未知其性情。此後則習見習聞，點放自如，不用閃避，亦免米袋皮掌之繁。苟得如鳥鎗之便當，任意隨地可以試放，必有精熟者出也。今若有演練之場，必須講究熟識，臨事有濟。倘領礮從軍，安營之處，無□演放之地，可作空比探洗，舂藥下彈，撬視對靶。點放之狀，每日一次，自可熟手。倘未知礮身配藥者，可入火藥，勿下彈。自少漸加，至礮聲響亮爲度，便合式矣。

請定例試放新礮以全火器

鑄礮之法，甚爲細微。雖藉工匠人力，亦須好鐵水兼好泥沙，好堅炭，一有不合，便不得用。蓋水不好，則空脆不堅；泥不膠粘，則諸模不固；沙不得宜，火燒必炸。如此則傾鑄之時，泥沙解脱，礮腹生出鐵塊，高低不平；一經演放，彈出不順，亦能炸裂。或鐵炭、泥沙皆好，舂模之泥過濕。如小礮一窰，同時鑄起一二十礮位；先鑄者火氣猛烈，將水氣驅除下位；漸鑄至尾位，水氣盡驅在此處，鐵水倒落，多有沸爆之聲。此礮位重數，比之他位，常輕些少，内中必有些蜂窩。或云舂模之泥，勿稍濕水，便無水氣。不知乾泥輕鬆，難以舂實；舂之不實；模身終難堅固。凡後造礮，當稟請大憲准立章程：凡鑄起之礮，擇寬曠地方人跡不到之處，先下七成藥，下走線一試；次下足藥一試；又下足藥加彈一試；再下藥加十分之四配彈，仍如第三出所配一試。經此四次試放，方算成器。倘試放有炸裂，再行鎔鑄，不得責備鑄造不精，庶於軍營用礮可保萬全。西洋鑄造之精，亦不能人人盡善，個個完全。凡有鑄起，皆漸加藥彈，至加倍火藥，試放堅固，乃敢分發軍營。合並申明。

橢圓彈説

橢圓者，即長圓也。其形如雞子，内面空心，外留一孔，須在旁邊，不宜在前後。其製造之法，須預先算合腔口及彈體之長短厚薄，方得合用。今以小者起算爲法：如礮重二百斤，口徑一寸七分六釐；用獨彈，徑九折算，得一寸五分八釐，重十三兩五錢。今鑄橢圓徑亦一寸五分八釐，長必加十分之六，得徑二寸五分；鑄厚二分。如此鑄起，重亦十一兩五錢，加火藥一兩，鐵蒺藜一兩，共重十三兩五錢。凡徑一寸者，長須一寸六分，方能相合。大者照加。引門必須在旁，方能得用。可用堅木車成圓管，上大下小，由口裝下慢藥，舂實；近口之處，下藥線二條，裝入礮腹演放。彈發出去，以下地始響，方能傷人。

各物工部尺方寸重數

黄金十八兩，紋銀十兩，黑鉛十兩，水銀十二兩，銅七兩一錢，鋼七兩，熟鐵六兩三錢，夷礮生鐵六兩三錢九分，廣東新片生鐵五兩八錢一分，廣東黑麻鐵六兩三錢九分，海水一兩四錢，淡水一兩二錢，酒一兩，粗砂一兩三錢，米八錢七分，梨木八錢六分，樟木六錢，柳木七錢二分，杉木三錢七分，洋鎗火藥九錢，洋礮火藥九錢，内地上火藥一兩，石三兩。

以上鑄礮、做礮架、用火藥者，均可擇用。故附在此中。

火 藥 等 第

内地上火藥二斤，送彈四斤。夷鎗火藥一斤，送彈四斤。夷礮火藥一斤五兩三錢，送彈四斤。就此配用便合。又如大礮，常時合用上藥，須留多少作準。倘軍營領出火藥，未知是否合用，可將常時合用之藥，入三錢於鳥鎗放試；又將領出之藥,亦入三錢較試。如不及十分之一,則照加之;勝則減之。此法甚爲簡便。

變 通 習 礮

礮爲行軍之最要,不可不專習其技。苟無專習之責,臨戰給礮,在未練習者,不知如何用法,配藥用彈不得其當,遠近高低不得其宜,多成虛發,是徒有其器。從前行軍,恃弓矢之利,然不過百步。自火器一出,則弓矢之利,反爲鈍器矣。西洋古時戰陣,亦猶中國弓矢戈矛並用。後世趨其長技,專用火器。臨戰之時,大礮當先,鳥鎗繼之。彼之習火器者,厚其廩俸,各有專司,故能精準。今若因時變通,水陸弁兵,厚其廩俸,專習其藝;科場武試,兼以考礮。其水師習一千斤至三千斤大礮,陸兵及武試習一百斤至五百斤小礮。水陸弁兵,定例一年一考。武試仍舊考期。優者陞之,劣者降之。則人人皆知用心講究,庶幾臨事有濟。

選 將 練 兵

礮火既得精準,而選將練兵,尤貴有方。兵法之行,不在於臨陣,而在於平時之肅伍操演,則臨戰整齊,不至烏合。交鋒之時,大礮當先,籐牌鳥鎗、長短兵器繼之,彼此照應,互相爲用。其主將必身先士卒,與同甘苦。賞罰嚴明,進前者賞,退後者斬。與其退而死,不若進而生。人雖至愚,必不惡生而樂死。軍法一嚴,則人人皆知求生,何戰而不克乎!

挨牌擋火鎗圖説見第十四圖。

挨牌之製,前編已有圖説。今復親歷試驗,推廣其法,以便於用。

法用四分厚雜木,製一牌,重八九斤,而高闊約可蔽一人之身。上面及邊左右解四隙,以便施放鳥鎗。中安橫木一枝,可能旋轉。橫木正中安一木柄,尾削尖鋭,以便撑在地上。再用棉花四斤鋪之,又用生牛皮脊一張,約重八斤幔之,加釘摘緊。再以一尺長、一寸闊、三分厚堅竹板,周密釘之。共重二十餘斤,用有力勇夫舉之。每兵五百人,用二十面擋頭陣,鎗礮軍械輔之。遇敵直追勦殺,刀箭小鎗,莫能陷也。曾經親歷試驗,小鳥鎗子三錢,彈回不入;大鳥鎗子七錢,離遠五丈,均打不入。其有打入者,亦含在竹内,不入牛皮。惟以一百斤小礮,離遠十丈,可得貫穿。倘逢全習火器之勁敵,專恃鳥鎗爲長技,無長短兵器可衛者,然後用之。如平土匪,則不宜用。因彼竹木、牛皮、棉花,是其易得,火器爲我軍之長技,故不宜用,恐其倣製也。

【校記】

① 本頁[　]中文字,據《增補則克録》丁氏前言補,没把握的只好缺之。

② 此題漏一“圖”字,據目録補。

③ 此“折”字處,前兩處皆作“比”字,應爲“比”字。

④ 此題漏一“法”字,據目録補。

⑤ 此題漏一“火”字,據目録補。

演礮圖説後編卷之二

欽差大臣大學士賽、廣西巡撫部院鄒
分發各營用礮捷訣量礮、量彈,俱用工部尺。

審視遠近較驗礮法不時令人自近至遠站立,彼此觀望,面目可知遠近①。

相去二十五丈,略見眉目口鼻。

相去五十丈,不見眉目,視面赤色。

相去七十五丈,面赤轉青白,人身略朦。

相去九十丈,面色淡白而小。

相去一百丈,面色微白,見面盈寸。

相去一百二十丈,面色只見一點,似有似無。

相去一百三十丈,面黑身朦。

相去一百三十丈以外,身愈朦朧。大小礮亦恰不能中靶。如敵人衆多,蟻聚安營,亦可擊之。惟勿多放,留爲後用。

量遠表尺圖説

人目自近視遠,愈近愈大,愈遠愈小。人身五尺,遠三百五十丈,不可見矣。今製量遠表尺一具,從表尺後面看前表隙中,自下邊視來人之足,以上線對來人之頂,便知相去若干丈。今以平人身高五尺作爲遠表,推算於左,並刻於表尺之柄,以便檢表用礮。仍附圖於後:

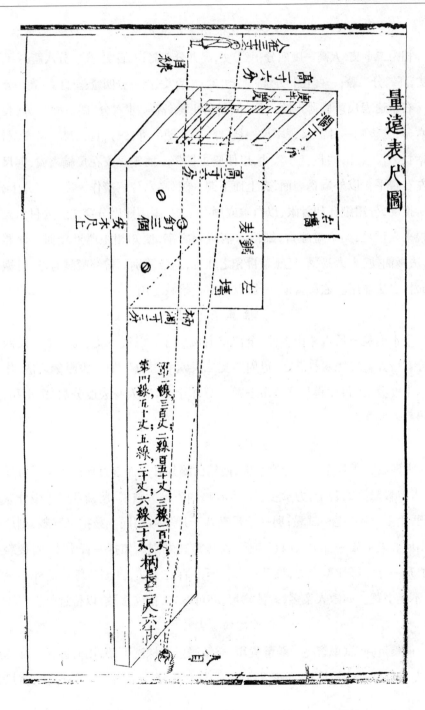

量遠表尺圖

第一線三百丈,二線百五十丈;三線一百丈;第四線五十丈,五線三十丈,六線二十丈。柄長一尺六寸。

人身表度依切線表推算

相距二十丈,人高一度四分;三十丈,高九分五釐;一百丈,高二分八釐;一百三十丈,高二分二釐;一百五十丈,高一分九釐;二百丈,高一分四釐;三百丈,高一分。

右量遠表尺。製薄銅匣一個,似印色匣樣,高一寸六分,闊一寸二分,長一寸六分,去後牆一片。又製木尺一枝,厚三分,闊一寸二分,長二尺。又安銅較,再摺長一尺六寸,共長三寸六寸,以便雙折攜帶。將銅匣安在尺端盡處,與尺端及左右齊平。以外牆爲表面,自上而下開一隙,高六分三釐作一度。度分十分。將所推度,分鑽細孔如針眼,以白線或極細銀線,兩兩照度分穿之。人目由尺後窺視來人頂足,與第幾線齊,細檢木柄所刻之字,便知相距遠近幾何。此器易造,法極簡便,人人易學,且無論目光之佳否,均無差別。曾經較試有準,可與審視面目之法並用。兹每營備一具,以便演礮擊賊之用。

推 算 表 度 法

今木柄長三尺六寸作半徑,全徑得七尺二寸。以徑一丈、周三丈一尺四寸一分五釐九毫二絲六忽計之,得周二丈二尺六寸二分。如分象限儀之法,作三百六十度分之,每度得尺之六分三釐。分作十分,將人身表度分數,鑽小孔、穿白線爲表便是。

較驗新式小礮發彈墜數

大礮自一千斤至八千斤之墜數,前編已論其詳。而五百斤以下至一百斤小礮,未曾較驗墜數若干,力量幾遠。今在廣西省城大教場,將鑄新式小礮分立遠近靶,用上火藥,逐一試驗;與一千斤至八千斤墜數相同。兹推算墜數,刻於後表小尺。以平放一百丈以內爲直彈,而無差高之別。如打一百十丈,將後表小尺加升一分。每加遠十丈,加升一分。至一百三十丈,計刻三線。此外多墜無準,不能中靶。如敵人衆多,蜂擁蟻聚,亦可擊之;惟勿多放,以待近擊。

演礮四言古詩[2]

稱藥量彈,試準響亮。鎮静從軍,擊敵膽壯。探洗下藥,用力舂當。彈麻鑽烘,左右俯仰。審視遠近,測準點放。或過不及,高低酌量。加減分釐,將尺升降。以制敵人,定獲勝仗。

右詩念熟。各礮具齊備,先做藥袋,配合藥膛,次稱火藥,每出藥袋,寫明袋皮。大者用布袋,小者用棉紗紙裱褙成袋。又量礮口配彈,九折算。如口徑二寸,配彈徑一寸八分。餘者傚此。藥彈既備,擇地試準,較爲利用。倘倉卒無地方可試,不用入彈,只用入藥演放,大約聽礮聲響亮爲度。臨陣擊敵,須心靜膽壯。如未曾親放之礮,先用礮棍,探驗藥膛有無陳藥;次用礮刷,浸水洗一次;用手指對引門空塞密,然後入藥。如大礮二人合力舂實,小者只用一人足矣。舂畢,掀開引門,使餘火盡熄;再入鐵彈,下麻彈,使不輥出。將引門針鑽破藥袋,下烘藥。移左右正視,俯仰對遠近合。如是磨盤礮架測準之後,用小墊對上架尾後橫木下塞緊,使不搖動,然後演放。如彈去太過,將表尺降低;不及,升高。升降只可分釐,不宜過多,發必中肯。以此擊敵,定獲勝仗也。

用 礮 總 論③

凡演礮擊敵之法,安營之後,可照此中審視遠近之法,逐段彼此相視。鑑貌辨色,細心記憶,便知遠近幾何。擊敵之時,司礮三人,佩短刀護身,各司其事。管洗舂者,汲水一桶,立於礮右,先將礮具探視礮腹,無陳藥,方將礮刷入水桶浸水,入礮腹旋轉洗一次。管藥箱者,將自帶水桶交抬夫再汲一桶,以候添用,自立於左,取火藥一袋,送入礮腹。洗舂者將礮棍用力連舂十下,使之結實。又送彈入口,洗舂者用棍輕輕送入,微舂一下,使之貼藥爲度,不宜急進,恐防塞滯,亦易放出。又送麻彈入口,用棍送入,輕鋪周至,使不輥轉走出。管藥箱者,退在礮後左邊顧藥箱。看準頭者,在礮尾右邊,取引門針由引門插入,鑽破藥袋,即下烘藥。而烘藥,宜鬆而易發;實則吐火久停。細視敵人相去若干丈數,如相去一百丈,將表尺插在平放之處,由小孔測視_{測視即眇看}。前表尖鋒,正對敵人。如礮頭高,則將墊塞入;低則抽出。至前後表_{前表俗謂之星,後表謂之斗,總名曰星斗}。與敵人正對,然後用小墊由後面對上架下_{下架上}橫木下塞緊,使前後左右不能搖動。即取火繩竿點放,發必中肯。演放之後,看準頭者,用引門針對引門鑽通,以口吹之;管洗舂者,將礮刷浸水洗一次,使餘火熄滅;看準頭者,將引門用手指壓住，使不通風；入火藥者，身須偏旁，不宜與礮口正對，將火藥復入礮口；洗春者，身亦宜偏。入藥春實之後，加礮彈、麻彈，如前法演放。如連演三礮，礮身已熱，宜洗二次，停片刻，方可演放。倘緊急要用礮，將火藥酌量減用，方無炸患。如一陣列礮十位，不可齊發，宜陸續演放，至五位止。將已放之礮先後推退，入藥彈；將後礮五位推進，先後發之。連環攻擊，方能接續不斷。如敵人迫近六七十丈，不用獨彈，可用盒彈，眇視敵人頭上約二人之高；如敵在一百丈至八九十丈之處，須眇加三人之高。礮子一發到半途散開，自三十丈至八九十丈，一路群子飛去，中敵必多。即至一百丈，亦尚可中。因每盒有裝一二兩許羣子二個，參裝每個一二錢小子，故自遠至近，一路皆是。凡敵人正對礮口，遠近皆可中傷，比之任意散入，不計分兩，較爲奧妙。抬夫須擇勇往有膽量者，工價加厚，切與布帳以蔽風雨，方能有勇。當演放之時，分立礮後左右，聽看準頭者呼召照應，不許違命退避。若打勝仗，酌量犒賞；其有能幫演得力者，量予鼓勵。至於陣前，每礮兵勇四名，籐牌當先，長槍輔之，左右分立。入藥之時，牌門閉掩護衞之。司礮者裝好藥彈，將礮五位推出，連環輪放。如與敵人相去稍遠，只可放一二出，探試遠近，慎勿多放。宜以礮作中軍，其籐牌、鳥槍、長短兵器，分列左右隊，成犄角之勢，以衞礮位，庶爲萬全。

其後表小尺倘偶然遺失，就引門後長方磚面正中眇視，均可用之。直彈亦能打一百丈以內，而無差高之別；如打一百十丈至一百三十丈，則漸加高些少，以補墜數，均爲一理。

軍營分發各路礮位目録[④]

一新式礮位一尊，重二百斤，口徑一寸七分六釐，連架一個，重其[⑤]二百六十餘斤。用彈以口徑一寸七分六釐九折算，得彈徑一寸五分八釐。

又礮具一枝，一頭礮刷，用以洗礮；一頭礮棍，用以春藥。又一枝，一頭螺旋，取出火藥；一頭礮劗，取出礮彈之用。如大礮，當加礮撬一枝。

又有蓋水桶二隻，不時盛水，使不洩漏，預備盛水洗礮，以防餘火未滅。〇油布一張，起程交抬夫，防雨濕箱頭。但油布、油紙，能自生火，切勿裝入箱內。

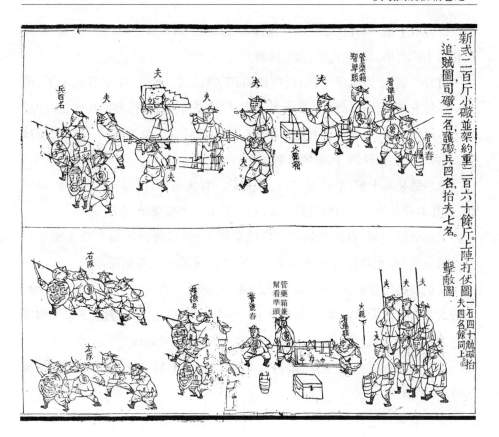

又二百斤礮所用之箱一隻,内各物並箱重一百二十餘斤。另鎖匙一枝,司礮者務當親身收管。此箱内裝:

上火藥一袋,重三十餘斤。如次藥,酌量加添。每放一出,用藥六兩六錢,送彈十三兩三錢,謂一藥送二彈。餘可倣此。如藥稍次十分之二,則當加十分之二,慎勿任意多用。兹附所較準頭上藥樣一罐,可用鳥鎗較試力量如何。如別樣火藥,其力不及上藥十分之二,則可照加。此以小比大之妙法也。

礮彈五十六個,每徑一寸五分八釐,重十三兩三錢,擊遠用之。

羣子盒彈二十四個,每徑一寸五分八釐,長一寸九分,連馬口鐵重亦十三兩三錢。迫近用此,傷敵必多。

蔴彈八十個，內有扎樣一個。徑合礮口爲度。內裝蔴一捆，重八十兩，割碎
毃札八十個之用。閒暇札便，庶免臨時倉皇。

竹升一個，上盛火藥，司碼稱重四兩；下盛二兩。量滿，用手掌拍十下，使
實。以量平爲度，不宜凸高。如火藥有時不同，則量起稱看；輕則加之，重則減
之。○鉛碼一塊，司碼稱重五兩。稱藥彈須用此較合。○工部尺一枝，以便量
彈，並可量視相去遠近，庶礮發有準。

棉紗紙袋八十個，恰合礮口，用以裝藥。宜先裝便，用線扎固。○蔴線一
扭，可扎蔴彈及袋嘴。○引門針一枝，以便對引門鑽破藥袋，下烘藥。

又烘藥篩一個，以便篩烘藥。○烘藥罐一個，以便掛胸前。○火繩竿一
枝[⑦]，在箱雙摺，用時扎直；點放之後，可插地上，不宜與火藥相近。

又後表小尺並螺旋全副，眇準頭之用。○礮枕一枝，打低用之。方墊一塊，
墊於大墊之下。大墊一個，墊方墊之上。小墊一個，眇定之後，對上下架交處橫
木下塞緊，使不搖動。○礮塞一個，引門蓋一個，防雨及塵埃。[⑧]

以上四物，共約重四百斤，解送軍營打仗，抬夫七名。凱旋之日，餘存藥彈
等件，繳還軍營。

一新式礮位一尊，一百四十斤，口徑一寸五分八釐，並架一個，共約重一百
八十餘斤。用彈以口徑一寸五分八釐九折算，得彈徑一寸三分八釐。

又一百四十斤礮所用之箱一隻，內各物並箱重九十餘斤。另鎖匙一枝，司
礮者當親身收管。此箱內裝：

上火藥一袋，重二十餘斤。如次藥，酌量加添。每放一出，用藥四兩四錢，
送彈八兩八錢，謂之一藥送二彈。餘可倣此。如藥稍次十分之二，則當加十分
之二，慎勿任意多加。

礮彈五十六個，徑一寸三分八厘，重八兩八錢，擊遠用之。

罩子盒彈二十四個，徑一寸三分八釐，長一寸六分五釐，重亦八兩八錢，迫
近用之。○餘物與上條二百斤礮箱相同，不用再錄。

以上四物，共重二百九十餘斤，解送軍營打仗，抬夫五名。凱旋之日，餘存

藥彈等件,繳還軍營。

又如三百斤至五百斤礮箱目録,惟藥彈、蔴彈大小不同,抬夫多寡不一,餘皆相等,毋庸繁列。

咸豐元年歲次辛亥八月廣西軍營分發。

新式闊口守礮圖説見第十五圖。

凡用礮之法,當分戰守二式。戰礮擊遠摧堅,守礮擊近掃寬。如第六圖新式礮樣,乃係戰礮,本題已詳述之。此闊口守礮,藥膛狹小而口腹寬大,其用法與戰礮相似。惟礮身略短,用藥雖多而彈發較近,不及戰礮約三分之一。如戰礮擊遠一百丈着靶者,則此守礮止堪擊六十七丈是也。若用此礮擊敵,比之戰礮宜眇稍高便合。但守礮雖可用獨彈,然口寬腹大,堪單用盒彈及羣子,則可掃寬斃衆。如十五圖所繪,重一百三十四斤,鑄字作一百一十斤,口徑二寸三分;用彈徑二寸一分,重二斤六兩,配藥五兩三錢。自甲至己,長一尺九寸二分;自甲至乙三寸;乙至表五寸二分;表至丙一寸一分;丙至丁七寸八分;丁至戊七分;戊至己一寸四分。甲後徑二寸三分。乙徑六寸二分。表本位徑五寸六分。前表高六分零三毫。丙徑五寸五分。庚徑五寸一分。辛徑四寸七分。癸徑四寸三分。子徑四寸二分。己徑三寸四分。後珠徑二寸三分,長三寸二分。後表墻比身高一寸,空高五分。引門長二寸四分,闊一寸五分,厚二分。耳徑二寸三分,長二寸三分,藥膛長三寸,徑一寸七分。底至甲厚二寸三分。藥膛邊周厚二寸二分。近口徑二寸六分。腹徑二寸三分。此礮中線;每百丈差高二丈七尺,以補多墜可打六十丈靶,眇對紅輪,則可正中也。如欲鑄就加大者,則以此礮重一百三十四斤爲母,用自乘再乘比例算法類推之。如欲鑄加倍大者,以重一百三十四斤爲實,用二乘乘之、再乘、又再乘,約重一千七十二斤。如欲加大十分之五者,以重爲實,以二爲法乘之、再乘、又乘,約重四百五十二斤。餘可隨時酌量類推。凡鑄礮,如用炭火燒紅泥模,使無水氣;俟模退火堪用,手探摸不炙者,旁挖二小孔,以伸鬱火,然後傾鑄,則光潤堅實,其重可加十分之四也。

附　加減算法尺式

加倍大者,以工部尺二尺長,分作一尺定模。如加五大者,以工部尺一尺五寸長,分作一尺定模。如九折小者,以九寸分作一尺定模。不論加一、加二、加三及三倍、四倍之大,或八折、七折、六折之小,均做此法。

西洋覆竹樣礮模圖説見第十六圖。

西人鑄礮,用洋來黑蔴鐵,質净性柔,傾鑄不縮,本無蜂窩,加以泥模燒紅,俟退火可探至不炙手,然後傾鑄。彼地之黑蔴鐵,潔净不縮。多由礮珠傾鑄,水口兩邊皆留小孔,以伸其氣,方能倒滿;否恐近口不滿,或似水泡,外貌完全,内面空腹。其定模之法,乃用一生鐵牀,其形長方,兩頭安二樞,將礮車兩軸心安入軸心中線,務與模面適平;將和勻之粗泥沙,先敷牀底,將礮車旋轉之,使略似半礮之形,然後曬焙足乾,再用細泥沙漿過車,則成礮畔矣。又再車一具。兩具備,然後安耳,安引門,加表安模心。如戰船之礮,則不安礮心,鑄成即鑽。兩具合之,用鐵線箍束,加泥敷密合口燒乾,埋地傾鑄。俟冷之時,出模去泥,鑽引門,車光礮腹,又車光外皮。其車法,似内地車銅器、木器之樣。惟口朝下,珠向上,較定車架,用數馬轉礮就鋼刀,約剷去一皮,深一分,便光滑;飾以西洋黑油,一時便乾,光滑似黑漆。亦有鑄起,僅車礮腹及礮頭一節,銼平引門及後珠,使人知質體之堅;而不車之處,仍與内地所鑄不異,惟無成節接痕,僅兩邊有合口之跡而已。又有將泥模燒紅傾鑄,不埋地中,鑄起光潤無蜂窩弊。

蠟礮模圖説見第十七圖。

澳夷有到歐邏吧七年之久者,見西人鑄礮多用覆竹模,埋地傾鑄。其模必先燒紅,俟退火可摸,然後傾鑄。亦有用一直木爲軸心,敷蠟,車成一礮樣,安耳、安珠及引門諸件,然後塗細沙漿,再加粗泥沙,封成一長方體,用鐵線捆緊蔭乾,用炭火燒之,使蠟油洩出,木軸化灰,然後安泥礮心,焙乾埋地,傾鑄過車。而鑄彈亦如之。其彈鑄起,亦有一蒂,敲去銼平便是也。

算礮重數自乘再乘比例説見第十八圖。

凡物，尺寸遞增，而重數亦必與之遞增。譬如有□□□四□□體，重一百斤者，如欲倍大，便是二尺四方，算作倍長、倍闊、倍高，即爲八倍，重八百斤。用自乘再乘之法，以二尺爲實，自乘得四尺，再乘得八尺。如三倍者，以三尺自乘得九尺，再乘得二十七尺。四倍得六十四尺，五倍得一百二十五尺，六倍得二百十六尺，七倍得三百四十三尺，八倍得五百十二尺，九倍得七百二十九尺，十倍得一千尺。如第六圖之戰礮，重四百六十五斤，倍大者便是八倍，重三千七百二十斤；三倍大者便是二十七倍，重一萬二千五百五十五斤。如欲加大十分之四者，以一四自乘、再乘，得二倍七四四；以此乘重四百六十五斤，得重一千二百七十五斤。或以重爲實，以一四爲法乘之，再以一四乘之，又以一四乘之，得重亦然。如欲鑄九折小者，以四百六十五斤爲實，以九折乘之，再乘，又乘，得重三百三十九斤；如八折小者，如上法計算，得重二百三十八斤。餘可倣此。如第十五圖守礮，亦依此推算，均爲便捷。

西洋西瓜礮用法

西瓜礮形，原無定式，有頭尾之徑相等者，或頭尾腰徑相同者，或似葫蘆等樣。此皆身短口大，藥膛比口約小十分之五，致遠仍與大礮相似。或將身略短而口大之礮，入空心彈作西瓜礮，俱可用之。其用藥之法，係用夷礮藥。夷礮藥一斤，比華藥一斤半；夷鎗藥一斤，比華藥二斤。視藥膛小者，火藥一斤送彈九斤，謂之一送九。如用華藥，一送六。亦有一送六者。如藥膛大者，一送三，或一送四。因礮配藥，原無一定。總之，不論何等火藥，用藥配彈演試，以放時礮略退縮二三尺，不致翻跳爲度。鑄彈之法，亦是上下兩模相合，鑄成，銼光合口水口，而用法並無一定。如前在桂林所造者，長二尺五寸九分，藥膛徑二寸六分，口徑五寸六分，空心彈徑五寸一分，厚三分五釐，彈中藏火藥半斤，入小子重一斤八兩，共重十二斤；用上華藥二斤，甚爲適用。從學門人武生張克慎，隨向提軍大營，曾以此獲勝斃敵，超陞守備。其西洋西瓜礮，重九百斤，藥膛徑五寸，口徑五寸五分，空彈徑五寸二分，厚九分，重二十一斤，藏火藥一斤，用夷礮藥七斤半。又有大礮重九百斤，藥膛徑四寸六分，口徑五寸一分六釐，用第十九圖空彈，徑四寸九分三釐，厚七分五釐，重十七斤四兩，藏火藥一斤，共重十八斤四兩，用夷礮藥四斤半者。又有彌利堅人來賣銅西瓜礮，長至五尺一寸，重九百七十五斤，藥膛徑四寸二分，口徑四寸八分，用空彈徑四寸五分，引門向上，皮厚六分七釐，重十二斤半，加木座半斤，藏火藥半斤，共重十三斤半，用夷礮藥四斤半者。此三者，藥膛小十分之一與小十分之二者，皆爲一送三至一送四。其第十九圖，空心彈徑四寸九分三釐，厚七分五釐，木座厚一寸二分，徑四寸八分，重十七斤四兩，藏火藥一斤，用夷藥四斤半者，彈中螺旋管長三寸，插入二寸五分，凸出五分作引門，口外徑七分，口內徑三分，漸入漸小，至空徑二分爲止。入烘藥之後，有加一個外方內圓螺旋蓋，旋入蓋護，以防失火，亦防潮濕。木座厚一寸二分，底開圓空，深八分，四角加白鐵片絡之。放時，彈口本須朝上。此式彈口朝外，加長藥線一條，轉向後面引火入彈。然此空彈之內，不入小子，單入滿火藥。見第十九圖。演放之時，先用象限儀較定高幾度，彈各遠幾何，註記一冊；次用臥矩測遠之具，見第二十圖。測視敵營相距幾遠，相度演放。墜中之處，差不十丈。萬不能適適中的。炸彈所及，周可一百五十丈，人馬遭之立斃。但用藥配彈，因礮制宜。一礮自有一礮準頭，須預較定，不似大礮可以一律推算。所用之火藥，美惡不一，亦有法可以比量。如前用之藥二斤，配彈十二斤，高五度，可遠二百三十丈。今用別藥，如二斤半者，亦是如此之遠。則以此比例照加，便合用矣。然舂藥者，前後用力宜均，火藥宜拌勻，先後準頭，方能相符也。

量遠近高低儀器圖說見第二十圖。

此儀上面分十字線，正中安一極準羅經，邊分三百六十五度，須能旋轉左右，安與儀面適平，方不礙目睛。四邊各分一尺，作一百分，以爲臥矩測遠之法；

兩旁亦如此分之，以爲偃矩知高，覆矩知深之用。然其用法，甚爲細微。安定之後，當用定平針安在儀面，垂線勿被風摇；將三足螺旋釘旋轉之，至上下二針正對，方爲均平，然後安前後表。在右邊，視前後表與敵營三者相參直，將羅經針旋定子午；認儀前直線向畢一度者，即自儀下引繩向右手橫行，隨意行若干丈，愈遠愈準。如行三十丈，測視與前測目線恰成半矩似勾股形軌跡，即將此儀移至右手三十丈之處，如前法安平。認儀前直線至在畢一度，即將前表安于股，後表安於勾。如前表在股九十分，後表在勾二十分，則一分之勾得四分半之股。今橫行三十丈爲勾，得股遠一百三十五丈。餘皆倣此。如測高深之用，則將旁邊用偃矩覆矩之法，比例測量。如軍營行陣，衝突交攻，急難測量，難用測器及定平針，尚有別法可代，詳於後題。

不借測器定平針能中祕訣

凡用西瓜礮，無測器及定平針可用者，將礮安平，製大黃烟入西瓜彈内，抵火藥重數，螺旋管用緊火藥作引，入藥下彈；用象限儀較定，約料敵人距遠幾何，應高幾度，演放。視彈落之處在敵前敵後，連試二三出，至恰墜敵營爲度。檢視象限儀高幾度，然後依前法演放，發必有準。蓋用大黃烟，彈一出口，一路吐烟，凌空飛騰，如鳥投林，易於瞻視也。

試礮權變用火藥法

凡用礮之法，以口徑配彈，視彈配藥，原是成法。間有闊口夷礮及内地所鑄洗笨掃寬闊口礮，則不宜執定成法。若以口配彈，視彈配藥，則用藥過多，一經演放，礮身翻跳退縮，或炸壞傷人，貽禍不淺。此等礮式，須安上架。每□斤用藥三兩，加彈試放，至聲響退縮尺許便合式。其長礮火藥一斤，可送彈二斤；如短礮火藥一斤，可送彈四斤起至八斤。因其口闊腹寬，前途無所迫塞，一轟飛出，不似長礮口狹腹長，氣力緊閉，□腹寬身短彈發不遠，不能直順，只宜下羣子擊近爲適用也。

眇視微低不致虛發

近聞有師船擊賊，不知彈子差高，飛空而過。賊喜不傷己，亙相揚言。師船聞之，□礮放□斃□□□□擊敵。先試一二礮，如彈至敵前，視□激塵飛□□□□□□□放去，發無不中。如彈去太高，多成虛（下缺）

【校記】

　①　此與《增補則克録》之"審視遠近用礮要法"的前面七條基本相同。

　②　此與《增補則克録》後所附"演礮摘要"中之《演礮四言古詩》僅極個別字不同，絶大部分相同。

　③　此與《增補則克録》後所附"演礮摘要"之《用礮總論》除些微加減外，均同。

　④　此與《增補則克録》絶大多數相同，文字略有加減。

　⑤　"其"，依句意應作"共"。

　⑥　《上陣打仗圖》與《增補則克録》同。

　⑦　對照《增補則克録》，"火繩"之後、"竿"之前缺"並繩"二字。

　⑧　對照《增補則克録》，此後脱如下文字："又，箱外另備油紙一張，登程交抬夫遮箱面，以免灌濕。但油布、油紙，俱能自出火，切不可裝箱内。"

跋

右《演礮圖説後編》用礮捷訣，乃辛亥八月刊於桂林者也。予與星南，心交十年矣。茲以粤匪不靖，奉使來茲。因請於鶴汀相國，函聘星南，專司鑄造火器。又以粤西多山路，不能用大礮，故自百餘斤至四五百斤，止求適用也。業經試放有準。予復參用量遠表尺，俾星南考驗，繪圖立説。詞取簡易，使弁兵便於練習。予既獲識星南，每相過後，星南諄諄講究，不厭繁瑣。而每事躬親，必求實效。其精細篤實，不憚勞苦奔走指畫之煩。及驅馭匠役，又復賞罰分明，區別其勤惰，考察其工拙，皆帖然心服，無敢怨者。星南之抱負才具，豈特精於火器而已耶？刻既成，識數言於後。

山左宗愚弟守存書於榕湖行館。

丁拱辰［傳］

　　丁拱辰，一名君軫，字星南，晉江人。少入私塾，即通三角八綫之法，以意造爲測晷、驗星諸儀，頗能與古暗合。及長，棄儒而賈，持籌握算，輒操奇贏。既復附賈舶出重洋，地球之高下，北斗之近遠，皆嘗以身驗之。凡夫宣德王三保未至之區，利瑪竇十人不傳之秘，探賾索隱，靡不尋暢。以故又得盡悉海島算經、泰西水法，參以己意，覃思精造，用勾股之法，精稽無漏著爲細草繪圖立説，相輔不悖。使其讀書窮理，則亦梅勿庵之流亞也。道光壬寅間，奉上諭：有人奏近得一書，名《演礮圖説》，係丁拱辰所著。此人曾在廣東鑄礮，演試有準，亦曉配合火藥之法；著奕山、祁墳查明是否實有丁拱辰其人，現在曾否在粵，所製礮臺礮位是否堅固適用，據實查明具奏。旋據粵中大吏以所著製象及《演礮圖説》進呈御覽。咸豐三年，陳頌南慶鏞。侍御奏保，回閩辦理團練，復請將所著書進呈，交王大臣閱看。旋奉諭旨，飭傳丁拱辰並將其所著《則克録》等書進呈[①]。經閩王中丞懿德。咨粵葉制府，名琛。調人取書，將《增訂則克録》、《演礮圖説》二書呈覽後，即將原書發交王大臣僧格林沁閱看。據回奏，丁拱辰所著之書，已詳加考據，書屬可用。請著丁拱辰來京詢問。得旨優奬，著該省督撫察看才具，如有可用之處，著送部引見，候旨施恩録用。嗣因星南飄海歷洋，請疾遲逗，因而中止。同治癸亥，予始晤星南於滬上。時髮逆方盤踞江南各郡，合肥李相國鴻章。撫蘇，籌戰殷殷，以人才垂訪；曾以星南材藝，推挹薦陳，委隨赴滬，襄理洋器砲。前復繪圖撰説，著爲《西洋軍火圖編》六卷，爲圖一百五十，爲説十二萬言，獻之軍前。功成，奏請廣東候補縣丞丁拱辰製造洋礮，屢殲巨逆，請免補本班，以知縣仍留原省補用，并賞給五品花翎，得旨俞允。嗚呼！世之著書立説連篇累牘者，不乏其儔。若星南者，粥粥若無能。其與人言，撝抑不逮，僅竊比於宋人不黿手之藥，不敢自附於著作之林，人亦以其賈人而少之。卒能以所著書上達乙覽，試諸當世，亦可見諸施行，固非紙上談兵者所可同年而語也。所著圖説，凡三易稿。中國人言外洋礮火者，以此爲權輿。同時如陳頌南、林晴皋、張南山、徐君青、丁心齋、張石介、張瀚香諸先生，或爲釐正，或爲序跋，俱愛慕歎賞以爲不可及。貨殖之士，顧可菲哉？星南曾出貲重刊鄉先正《丁問山文集》，張維屏爲之序，其風雅又如此。於乎，可以傳矣！節錄龔翰林詠樵《亦園脞牘》。

民國廿九年庚辰梅月，丁氏聚書學校□□諸董事重印。

【校記】

① 丁氏所著乃《增補則克録》，而《則克録》之作者乃德國傳教士湯若望與中國安徽寧國人焦勗。

增補則克録

目　　録

則克録自序

中國之火攻備矣，其書亦綦詳矣，似無容後人可贊一詞。然而時異勢殊，有難以今昔例論，深心者更不可不審機觀變，對症求藥之爲愈也。即古今兵法言之，如《武經總要》、《武學大成》、《武學樞機》、《紀效新書》、《練兵實紀》、《練兵全書》、《登壇必究》、《武備志》、《兵録》、《一覽知兵》諸書，所載火攻，頗稱詳備。然或有南北異宜、水陸殊用；或利昔而不利於今者；或更有摭拾太濫、無濟實用者，似非今日救急之善本也。至若火攻專書，稱《神威秘旨》、《大德新書》、《安攘秘着》，其中法制雖備，然多紛雜濫溢；無論是非可否，一概刊録，種類雖多，而實效則少也。如《火龍經》、《制勝録》、《無敵真詮》諸書，索奇覓異，巧立名色，徒炫耳目，罕資實用。惟趙氏藏書海外《火攻神器圖説》、《祝融佐理》，其中法則規制，悉皆西洋正傳。然以事關軍機，多有慎密，不詳載不明言者，以致不獲兹技之大觀，甚爲折衷者之所歎也。勖質性愚陋，不諳韜鈐；但以敵寇肆虐，民遭慘禍，因目擊艱危，感憤積弱，日究心於將畧，博訪於奇人，就教於西師，更潛度彼己之情形，事機之利弊，時勢之變更，朝夕講究，再四研求，只爲痴憤所激然耳。乃二三知己，誤以勖爲深諳兹技，每問器索譜，勖茫無以應。因不揣鄙劣，始就名書之要旨，師友之秘傳，及苦心之偶得，去繁就簡，删浮採實，釋奧註明，聊述成帙，公諸同志，以備參酌云爾。

崇禎癸未孟夏，後學焦勖謹識。

福建巡撫王片奏

福建巡撫臣王片奏，再臣欽奉諭旨：飭傳晉江縣監生丁拱辰，並將其所著《則克錄》等書進呈等，因遵即傳知該縣設法延訪，並將所刻各書留心查覓去後。旋據將《增補則克錄》並該生自著《演礮圖説》二書繳送；復據晉江縣知縣韓湛，詢知該生丁拱辰一名丁君軫，現在廣東幫辦軍務，居住該省油欄門外迎祥街地方等語。除移咨兩廣督臣葉等轉傳赴閩外，謹將《增補則克錄》、《演礮圖説》二書裝釘封固，賚送軍機處，恭呈御覽。理合附片奏。

咸豐三年九月十七日奏。

咸豐三年十一月初三日，准兵部火票遞到。

欽奉硃批：知道了。欽此。

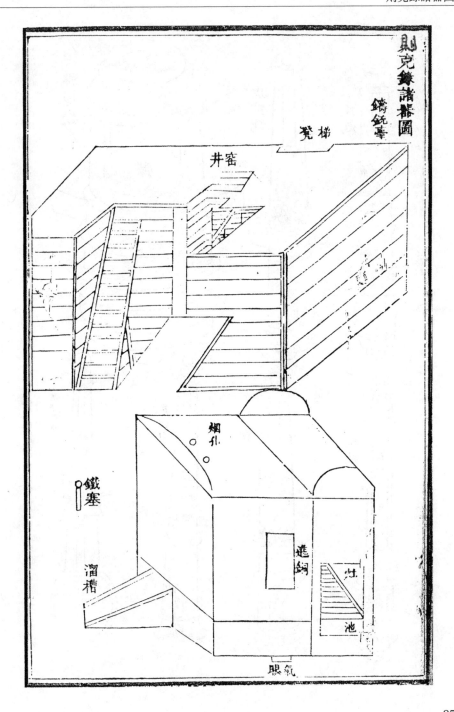

則克錄諸器圖

鑄銃臺

凳梯

井窰

烟引

鐵塞

進銅

灶池

溜槽

眼氣

87

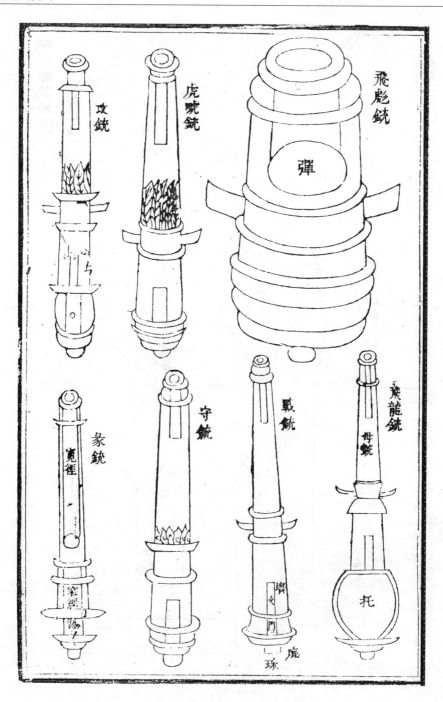

攻銃　虎嘯銃　飛彪銃
彈

象銃　寬徑　窄徑　守銃　戰銃　熕火門　底　珠　飛龍銃　母銃　托

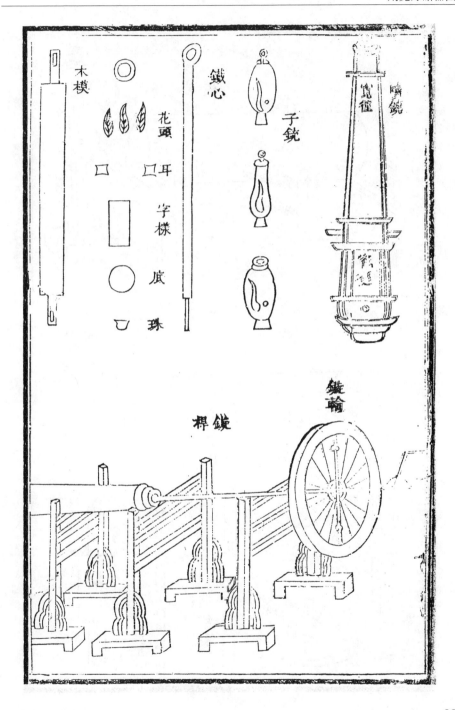

木模

鐵心

子銃

花頭

耳

字樣

底

珠

晴銃

寬窄

寬窄

鑄輪

捍鎚

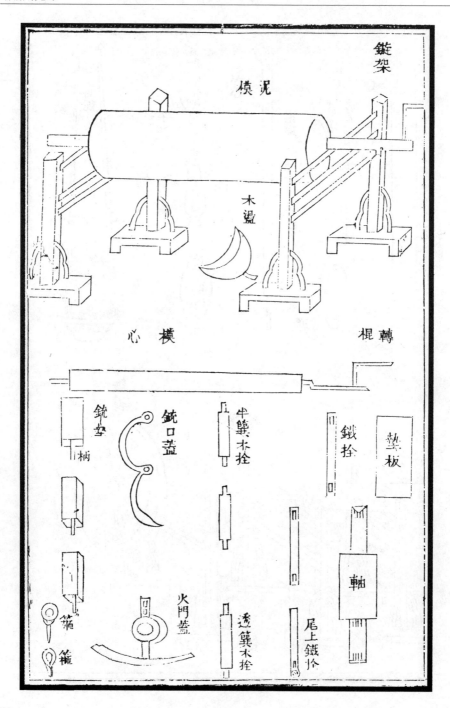

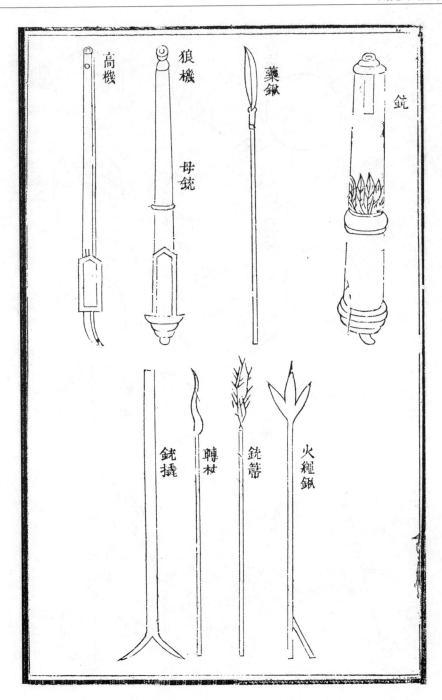

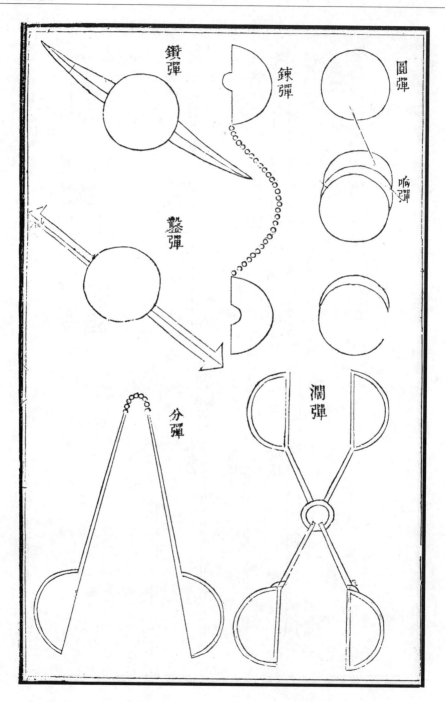

鑽彈

鍊彈

圓彈

響彈

鑿彈

潤彈

分彈

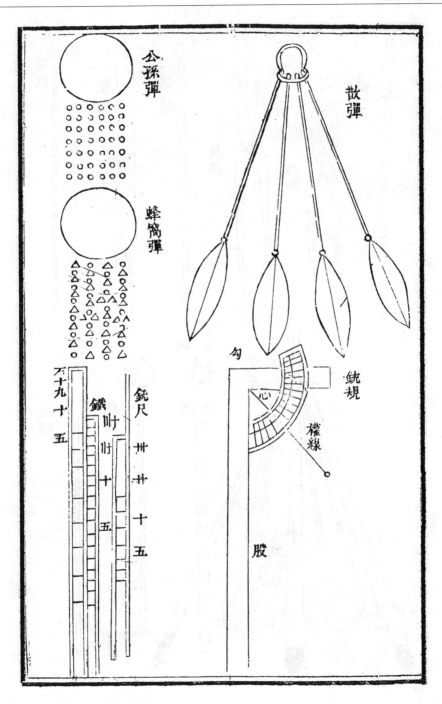

公孫彈

蜂窩彈

散彈

銃規

勾

心

權線

股

鐵尺

銃尺

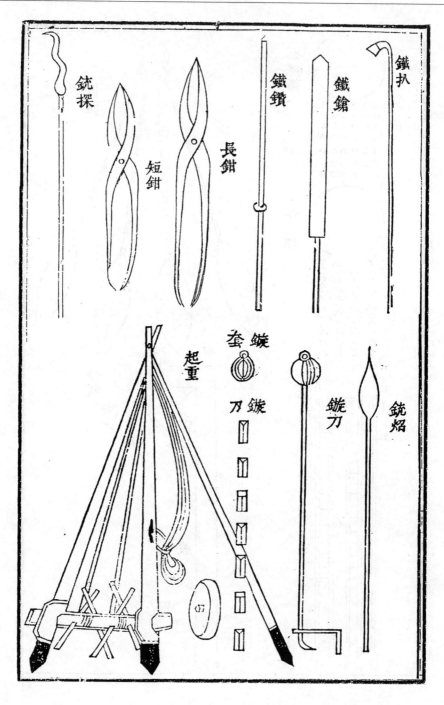

銃探

短鉗

長鉗

鐵鑽

鐵鎗

鐵扒

起重

鏃套

鏃刀

鏇刀

銃焰

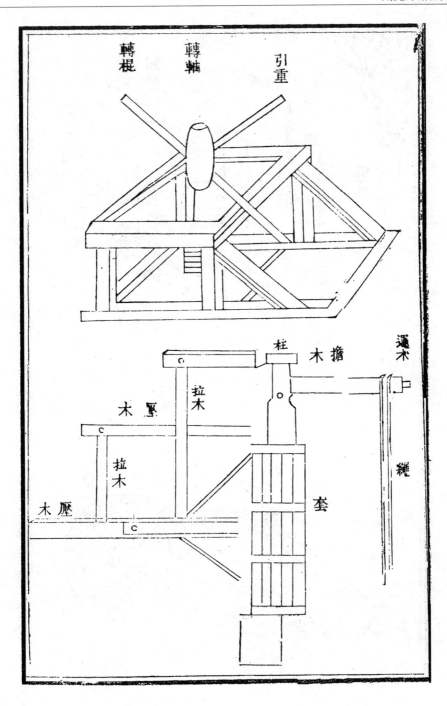

轉棍　轉軸　引重

柱　木擔　運木

拉木

木緊

拉木

繩

木壓

套

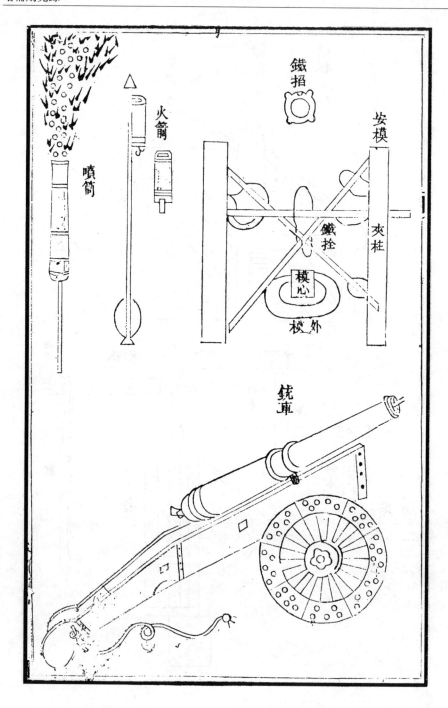

噴筒　火箭　鐵招　安模

鐵拴　夾柱

模心

模外

銃車

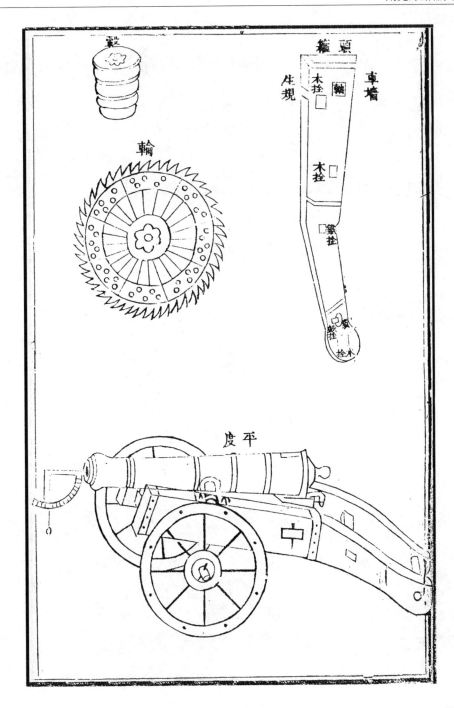

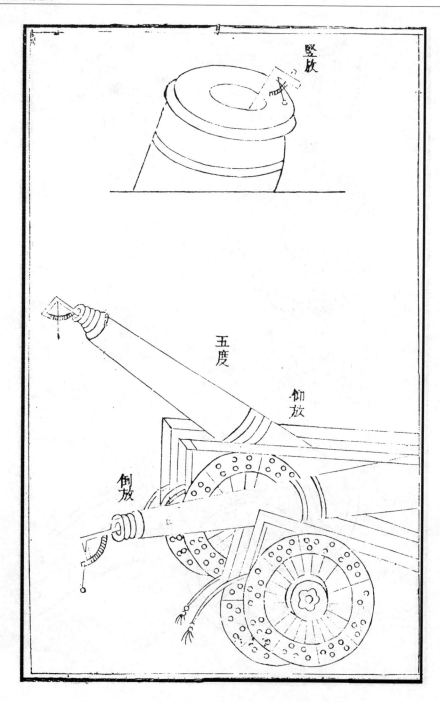

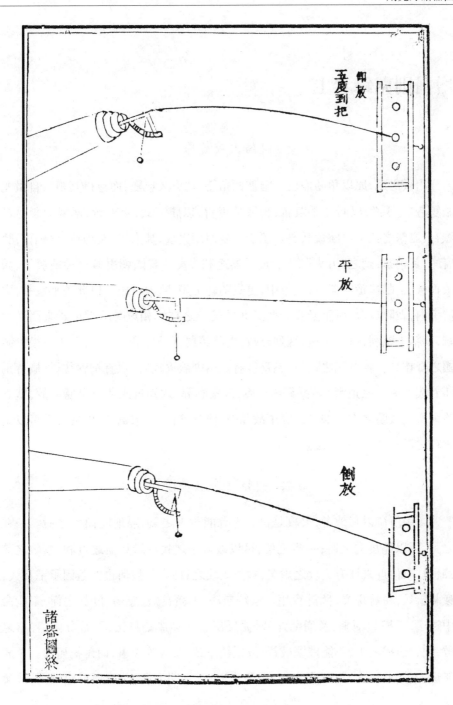

仰放
至度到把

平放

倒放

諸器圖終

增補則克録卷上

概論火攻總原

用兵之道，原以角勝而已。唯彼此角勝，則愈久愈變，而愈得其精。自蚩尤始變造"五兵"，以勝徒手黃帝；再變造甲胄，以勝五兵；至春秋，漸變而製弓弩礮石，遠擊之技又以勝短兵矣。孫子更變而用火攻，焚人馬，焚糧草，焚輜重，焚府庫，焚營寨，謂之"五火"，更勝於兵器之利多矣。我國朝更製有神威發熕、滅敵狼機、三眼快鎗等器，置之軍中，更覺隨時可用，隨地可施。以此蕩平寇敵，廓清宇內，戰陣攻取，所至必克。此又勝於焚燒之技絶相遠矣。近來購來西洋大銃，其精工堅利，命中致遠，猛烈無敵，更勝諸器百千萬倍，若可恃爲天下後世鎮國之奇技矣。孰意我之奇技，悉爲彼有。然則談火攻者，豈宜拘執往見，概恃爲勝着哉？深心兹道者，必更翻然易慮，詳察利弊，灼知近來所以不勝之故，默計將來所以致勝之方。如是講究革故鼎新，條分縷析，以求萬全，則庶幾乎可以語火攻之微意矣。

詳察[①]利弊諸原以爲改圖

軍中所恃以無敵者，火攻是也。先聲能奪火之氣，隔地能傾人之命。一丸之彈，可以斃萬夫之將；一囊之藥，可以敗百千之兵。誠兵器之首利，禦敵之前鋒也！奈何近來徒有火攻之虛名，並無火攻之實效，其故何也？蓋因承平日久，疲將驕兵，粉飾虛文，罔計實用。鑄銃無法，不諳長短、厚薄、度數之節，不能命中致遠；或橫顛倒坐，及崩潰炸裂，而反傷我軍。造藥無法，不諳分兩、輕重之數，配合研搗之工，不能摧堅破銳；或損鎗壞銃，及收晾失事，而延禍極慘。裝放無法，不諳遠近之宜，衆寡之用，循環之術；或先期妄發，賊至而反致缺誤；或發而不繼,乘間而衝突可入;或愴惶失火,未戰而本營自亂。此貽害莫大,勝着果安在哉? 爲今之計,必宜改絃易轍,詳悉講求。如鑄銃,必如何可以使遠而猛疾而準;如何使銃身不動,無橫顛倒坐及炸裂等弊;如何分戰攻守三等,銃身上下、長短、厚薄無不合宜;如何使子銃與母銃大小、長短無不合法。如造藥,必如何可以使迅速而猛烈,如何使燃之手心不熱、紙上不焦及不致損傷鎗礟。如收藥,必如何可以過夏不潮,如何使久盛而永無疏失之病。如裝放,必如何分仰、平、倒三法,而知彈所到之遠近;如何用鉛、鐵、石彈與何銃相宜;如何使擊放寬大而殺賊多;如何使循環迭擊而礟不絶;如何令擊放終日,而無失火之虞;如何使熱礟即冷,可以復裝。如用銃,必如何運重爲輕,可以疾趨;如何轉動機活,可以迎湊;如何可以升高渡隘,不致阻滯。如臨陣,如何擊敵之零賊;如何拒敵之全軍;如何備敵之迭進;如何取敵之主將;如何使火器不放,而敵騎亦不敢衝突。我營必如此詳審,則弊自去而利自存矣。

審量敵情斟酌製器

人知攻敵全恃火器,未知製器先欲量敵。故製器得法,可以勝敵,則一器可收數器之功;若製器無法,不能勝敵,則百器不獲一器之用。今之大敵,莫患於彼之人壯馬潑、箭利弓强,既已勝我多矣;且近來火器,又足與我相當。此時此際,自非更得速利猛烈,萬全精技,每事務求勝彼一籌,或如何以大勝小、以長勝短、以多勝寡、以精勝粗、以善用勝不善用,則勝斯可必矣。如目前火器,所貴西洋大銃,則敵不但有,而今且廣有矣。我雖先得是銃,奈素未多備;且如許要地,竟無備焉。自此而下,其大器不過神威發煩、滅敵虎蹲,小器不過三眼快鎗。此皆身短,受藥不多,放彈不遠,且無照準而難中的。銃塘外寬内窄,不圓不净,兼以彈不合口;發彈不迅不直,且無猛力;頭重無耳,則轉動不活;尾薄體輕,裝藥太緊,即顛倒炸裂。似此粗惡疏瑕,反足取害,安能以求勝哉? 爲今火器,無如倣照西洋。其大者,依法廣鑄各等大銃;小者,狼機、鳥機、鳥鎗。只此數種,其製亦長短中矩,厚薄適宜,其用能命中致遠,堅利猛烈。更以造鑄有傳,藥彈兼精,裝放如法,配以精卒利兵,翼以剛車堅陣,統以智勇良將,以戰則克。近有鳥鎗短器,百發可以百中;遠有長大諸銃,直擊數十里之遠,橫擊千數丈之闊。更有大塘象銃,擊寬斃衆,慘烈無比。以攻則飛彪自上擊下,人民房舍,無不蠆碎;鰲翻自下擊上,鉅郭重牆,莫不掀裂;更有虎唬獅吼,直透堅城,如摧朽物。以守則有臺垣異制,銃器異宜,更以窺遠神鏡,量其遠近而後發。如是,器美法備,制巧技精,力省功倍,兵少威强,以是禦敵,庶幾有可勝之道矣。

築砌鑄銃臺窰圖説

鑄銃之臺,四方用磚砌,中間用黄土填滿築實,高一丈六尺,寬、長各四丈,正面凹進三分之一,其形見方。凹處兩傍及臺後,各用磚砌梯凳,以便上下。凹處之裏面,又開井窰,以爲安模之用。其窰深二丈,寬徑六尺;正面敞口,底下開竅,以通濕氣。其臺上蓆棚,聽候造模化銅之際隨用所宜,臨時蓋搭,不必預設。臺之間處,另搭庫棚二間,收藏器具物料等件,以便臨時取用。其大爐必安窰後,以便引銅傾鑄。造模宜近窰。

鑄造戰攻守各銃尺量比例諸法

西洋鑄造大銃,長短、大小、厚薄尺量之制,着實慎重,未敢徒恃聰明,創臆妄造,以致誤事;必依一定真傳,比照度數,推例其法,不以尺寸爲則,只以銃口空徑爲則。蓋謂各銃異制,尺寸不同之故也。惟銃口空徑,則是就各銃論各銃,以之比例推算,則無論何銃,亦自無差誤矣。戰銃,空徑三寸起至四寸止,身長從火門至銃口三十三徑。火門前銃牆厚一徑,耳前牆厚七分五釐徑,銃口牆厚半徑,銃底厚一徑。尾珠在外,其珠之長、大,各得一徑。銃耳之長、大,俱各一徑。火門至耳際,得十三徑。耳得一徑。耳前至銃口徑,得十九徑。○此係四六比例之法。火門距耳得十分之四,帶耳至銃口得十分之六也。其體重五百斤至千斤止,亦有頂大重三千斤者;其彈重四斤至十斤止。

飛龍銃,空徑三寸起至五寸止。子母銃,身共長五十五徑。大號用子銃三門，小號用子銃五門。子銃，身長五徑，底一徑，用牆得一徑。子銃口湊簧宜深，後拴鎮壓處當緊。簧處得一徑，拴處得半徑。子銃火門至母銃耳際，得二十二徑。耳得一徑。耳前至銃口得三十二徑。餘悉照前。○此亦狼機之制，因能遠發，故名"飛龍"。

象銃，口下空徑五寸。火門前裝藥處，空徑二寸五分。身長從火門至銃口八徑。塘內裝藥窄處，得二徑；藥前寬處，得六徑。裝藥牆，厚半徑。銃口牆，厚二分五釐徑。銃底，厚一徑。尾珠、銃耳，長、大各六分徑。火門至耳際二徑。耳際得六分徑。耳前至銃口，得五徑四分。○此係四分比例之法。謂火門距耳，得一分；帶耳至銃口，得三分，蓋以銃前塘寬體輕故也。又以塘口極寬，故名"象銃"。

噴銃，口下空徑一尺。火門前，空徑五寸。身長從火門至銃口四徑。塘內，從底至口，一直往上，如敞口喇叭之形，不比象銃分寬窄兩截也。火門前牆，厚二寸五分。銃口牆厚一寸二分五釐，底厚三寸。尾珠、銃耳，長、大各三寸。餘悉照前。○此亦象銃之類，但體更輕，所裝彈藥更多。

攻銃，空徑四寸起至六寸止，身長十八徑至二十二徑止。火門至耳際，得八徑。耳得一徑。耳前至銃口，得十一徑。彈重十斤至五十斤。銃塘更宜光直，用彈定要緊貼藥上，且與塘內毫無寬縫漏火，則發彈遠射而且有力。餘悉照前。

虎吼銃，空徑六寸起至一尺止，身長二十徑。彈用五十斤至百斤止。銃身較戰銃可加厚三五分。餘悉照前。

獅吼銃，空徑一尺至一尺五寸止，長十五徑。彈用一百斤至三百斤。銃身照戰銃可加厚半徑。餘悉照前。

飛彪銃，口下空徑二尺。火門前裝藥處，空徑一尺。身長從火門至銃口四徑。塘內裝藥窄處二徑。藥前寬處二徑。口下牆厚半徑。裝藥處，牆厚七分五釐徑，底厚七分五釐徑。尾珠、銃耳，長、大各半徑。火門至耳際，得徑半；耳得徑半；耳前至銃口得三徑。

守銃，空徑三寸起至五寸止，身長十六徑至八徑止。彈用四斤至十斤止。

餘照前。

西洋製守銃，殊短之意，蓋備敵人攻城之時所用也。若敵人屯營遠窺，必藉長戰銃遠擊，以亂其營，使彼不敢久停。若蟻聚蜂擁，逼臨城下，又必藉大象銃，以爲擊寬斃衆之計。若高築敵臺，負固對擊，則更必藉火銃、攻銃，以爲摧堅之用。總之，遠近寬窄，隨宜酌用；變化在人，又豈可拘泥名色，而自誤實用之功效哉？但守銃之制，大約以銃口距耳應得身度三分之二，帶耳至火門應得三分之一。蓋謂守銃，利於朝下放故也。其城守之象銃，較戰陣之象銃，又必加長四徑，共得十二徑，方可遠擊而斃敵也。若止於八徑，則火力短而出彈近，及至中敵，已無勁矣。

造作銃模諸法

用乾久楠木或杉木，照本銃體式，鏇成銃模。兩頭長出尺許，做成軸頭；軸頭上加鐵轉棍，安置鏇架之上，以便鏇轉。上泥木模既成，將銃耳、銃箍、花頭字樣等模安上，用羅細煤灰，匀刷一層，候乾。用上好膠黃泥，和篩過細砂二八相參；或用本色砂泥，亦可用羊毛抖開，參入泥內，和匀作經，不可太乾，亦不可太溽，如塗牆之泥爲準。泥或塗在模上，每次約可寸許，塗匀，將轉棍轉動，用員口木板盪蘸水盪平，候乾。照前再上，其泥之厚薄，照銃口空徑一徑六分。如銃口徑五寸，則模泥用八寸厚是也。俟上泥厚至三分之二，則以粗條鐵線，從頭密纏至尾。纏畢，照前上泥，俟上至十分之九，則以指大鐵條照依模長，大號模用十六根，次號十二根，小號八根，匀擺模上作骨。隨用一寸寬五分厚鐵箍，大號用八道，次號六道，小號四道。照泥模頭尾，自度大小，匀箍鐵條之外，又照前上泥。上完盪匀，候乾透，然後可用。其乾之日期，大號銃模約待四個月，次號三個月，小號兩個月，可必乾矣。俟乾畢，將木心敲出，用炭火入模內，一則煉乾泥模，二則化銃耳、銃箍及花頭字樣等件成灰。候冷，用雞毛箒掃出灰渣，將木銃模底安定，再安尾珠，悉照前法上泥。上完候乾，取出木底，用炭火燒化尾珠。俟冷淨，聽候下窰。鑄造模心，用鐵照本銃空徑長短，打成鐵心。其徑之大小，即照本銃空徑之半。如空五寸,則鐵心當用二寸五分;周圍之泥,共得二寸五分。心尾打方孔,深三寸許。另安鐵轉棍在內,以便鏇轉。其鐵心之首,長出二尺,折轉五寸爲扒頭,以便拴繩提放之用。鐵心二三寸之下,留一方孔,安鐵轉棍。鐵心之下尺許,留十字方孔,以穿寸大鐵條,以便下模閣置外模之上。鐵心既成,安於鏇架之上,照前法上泥,漸次上完,用羅細煤灰上勻,候乾聽用。

下模安心起重運重引重機器圖說

凡大銃之模,輕者數千餘斤,重者數萬餘斤,若非預製機器,運重爲輕,則斷不能隨手轉動也。

起重。用六寸徑、二丈長堅木三根作柱,柱頭用鐵箍箍下,鑿一圓孔,二寸徑大,用圓鐵拴一根長二尺四寸,將三柱穿縮一處。鐵拴之兩頭,用鐵筩筩住。將柱品字竪立於中柱穿拴之下,隔二寸許鑿圓孔,二寸徑大,拴繫雙銅盤滑車上下二具,以徑寸粗麻繩二根,穿入上下滑車之內。於二柱下脚離地二尺五寸許開半規,用五寸徑竪木一根爲軸,約長七八尺,納柱半規之內;外用木二尺,亦開半規,幫釘軸外,十字穿心,勻安木擔四根,長四尺,將上繩拴繫軸上,下繩拴繫模尾,用四人絞轉軸木,則繩漸升而模自起矣。凡起重物,俱可例用。

此器人用者頗多,但上懸滑車,止有單盤一輪,所以起重猶費力耳。茲則妙在滑車有上下二具,雙層銅盤,共有二十二輪,上下繩索,宛轉活利,較之尋常省力數十倍矣。

運重。用堅木一根一尺二寸徑、三丈長,爲總柱鈎,分兩截。上截長一丈,頭用鐵箍。箍下四寸許,開馬口方孔,二尺高、八寸寬;孔內之下,安二寸徑鐵圓拴一根,以便含架橫擔。孔下鐵箍一道。柱之下頭,亦用鐵箍箍,內嵌以鐵盤,中開方孔,徑二寸五分,深一尺五寸,納以方頭鐵心。下餘一尺爲圓鋸[②],鋸頭尖圓,插入下截柱內,以便轉動。下柱長二丈,將一丈埋入土內,土上存一丈。頭用鐵箍箍。內嵌以鐵盤,中間圓孔徑三寸、深一尺二寸,孔底嵌以鐵臼。鐵臼中心圓窩,外體方形,徑二寸五分,厚二寸。孔塘鑲嵌鐵筒,其長照塘厚一分。

上下兩柱交插之際，上柱微粗，下柱微細，以便轉動。其柱心鐵鋸略長二三分，柱木相接處略短二三分，則轉動之時，庶不壓住，而活便隨手矣。柱外用木圈四個，小柱五根，長一丈、徑大四寸，造成套式，安置大柱居中之處。上半截實釘柱上，下半截爲活套，稍寬二分，套上安置拉壓等木，以便轉動。所用擔壓等木，或榆或檀。擔木，八寸寬、一尺厚、一丈二尺長。於擔身三分居二之際，鑿二寸徑七分圓，以便含架柱頭鐵圓拴之上。在下壓木，見方六寸大一丈三尺長；居中壓木，長六尺見方四寸。拉木，各長五尺、厚二寸、寬三寸。兩旁夾木，厚三寸、闊四寸。其拉壓之際，各用寸徑鐵圓簧，以便轉動。在上擔木之末，用二寸徑粗麻繩安套，以挽模首。在下壓木之末，用徑寸麻繩安套，以便拉挽。

此器，中國名爲"天秤"。但止用柱頂橫擔一根，所以用力猶難。兹用拉壓三層，繇短漸長，上下牽拽，左右轉動，用人極少，而得力極大矣。

引重。轉軸絞擔，悉宜高與胸平，則轉絞便於用力。其餘法製，簡約顯明，看圖自知，不另立説。

下模。先於模體半乾之時，將火門之上開一方孔，寬半徑、長一徑，外口略寬，以便安置鐵掏。將原泥仍照孔做成泥塞，煉乾以備塞孔之用。俟模已乾，用運重繩拴住模首，用起重、引重繩各拴住模尾。拴繫既定，將運重、起重一齊升挽，離起原所；以運重壓柄向前轉送，以引重前拽，引至窰井受模之處，將模漸落，安對模窩；次以模首引扶端正於火門之上。所開方孔，用折叠圓圈十字鐵掏，折轉送入模內展開，安置穩當。其掏徑之鐵條，或五六分大，或一寸大。於模口二尺之外，亦用折叠鐵掏折轉，放進模內展開，從下擠上安妥；用壯繩四根，各拴鐵鈎，鈎住鐵擋，將繩頭各拴繫模外，聽候安心。

安心。先將模心照前升挽，引至模口，極力升起，端正正對掏內，從容放落，插入下插之內安妥。將鐵心之上十字鐵拴架平，緊縛兩旁夾柱之上，將下口塞緊，上鈎取出，四圍用乾土築實，底下用法以通濕氣。

論料配料煉料説略

凡鑄大銃，必先慎用銃之質體，蓋銃之質體，猶人之肌體也。肌體不固，則人必患病；質體不堅，則銃必受傷。鐵質粗疏，兼雜土性，若以生鑄，必難保全；必着實燒煮，化去土性，追盡鐵屎，煉成熟鐵打造，庶得堅固。銅質精堅，具有銀氣；但出礦之際，人必取去其銀，而反參益以鉛，則銅質亦轉粗疏，恐銃鑄成，多有炸裂之病。今鑄成銅銃，必先將銅煉過，預先看驗質體純雜堅脆若何。如法參兌上好碗錫少許，用尋常爐座，照常法將銅鎔成清汁，以錫參入化勻，傾成薄片，或三斤、五斤一塊，聽候燒入大爐鑄造。

造爐化銅鎔鑄圖說

西洋鑄銃，大爐不用煤炭，只用乾柴。先將爐底旁邊挖坑二尺餘深，用磚砌爲竈池。其爐底，用硬磚砌平，厚五寸許。上用牛羊骨燒炭研麵，同磁麵、黃泥、青灰和勻，塗於爐底之上及出銅之口與溜槽等處，厚二寸許；再用傾銀罐用水泡爛，勻塗受銅、過銅等處，厚五六分。蓋取骨灰等物，細膩堅密，不致銅有滲漏之弊。爐底四圍畧高，中心微低；於低處至口，愈宜漸低，以便出銅。爐之外形，高三尺。内鎔銅之池及燒柴之竈，距頂二尺餘高。其竈形，長扁橫直，得池之半徑。於池相平處，用寸徑鐵條，橫砌竈内上下之中，每條相距二寸，以便架柴、漏灰。貼池處砌一墻相隔，上留寬縫三寸許以通火焰，倒捲入池，不用風扇，其火猛烈，化銅更爲迅速。鐵條之際，外開長形竈門以進柴，下以透風。其竈之頂似捲洞灣形，較前池頂畧高二三寸，以暢火勢。爐頂之全形，中高旁低，狀如伏蛙；蛙頭兩旁，各圓窾二寸餘大，以通烟氣。其銅池，圓形，橫直得一方徑。池之兩旁，各開小門，寬五寸，高八尺，以便進銅。俟爐造完畧乾，用柴煉至通紅，盡消濕氣，毋令底潮而凝銅也。化銅之際，將銅鉗入池内，輕放池上，慎毋亂摔以傷池。而傾入銅約勻三分之一，即用大火摧化成汁，逐漸添銅，俟化盡又添。否則，恐多添冷銅，並前化者亦凝結矣。俟銅汁化清，如油如水，上起金花綠焰之際，將爐口、橫口、溜槽等物掃净，將爐口鐵塞敲進，引出銅汁來，由漸放入模内，候滿本模數寸之餘，即將溜槽開窾，引銅別注平坦之地，結爲薄片，以便後來用時可以任意敲擊而取用也。倘留在爐内，則體質凝厚而難擊碎矣。

起心看塘齊口鏇塘鑽火門諸法

起心之法。俟銃鑄成三日之內，將模心搖撼鬆泛；至五日內，用起重將模心起出；至八日內，將土挖開，用起重、引重將銃放倒，拉至平地，兩頭墊起二尺餘高，將模泥打去，內外掃淨。倘銃之外體雖好，尚未知塘內如何，當用看驗之法驗其內塘。若有深窩漏眼，則爲棄物，必將毀壞而再鑄矣；如果完全光潤，則爲寶器，宜珍惜之。蓋謂西洋本處鑄十得二三者，便稱國手，從未有鑄百而得百也。

看塘之法。舊用火鏡對日光，以銃口對鏡，借光反照，看驗如何。此法雖是，但恐陰晴不定，難以應急。又法，以鐵打成螺絲轉杖，名爲"銃探"，從下探上，但微有窪突，探到便知。此法可用，但未目睹，終屬臆度，畢竟不敢放心，總不若新法以鐵打成棒椎之形，外安長木柄，名爲"銃照"。將此入爐燒至極紅，插入銃塘，亮若燈光，從下照上，無微不見矣。

齊口之法。小銃用銅鈎鈎齊，大銃用銅鑿鑿齊，末用大磋磋光便是。

鏇塘之法。即用鐵心去泥，下頭方形，上安鐵套，套外入面安純銅偏刃鏇刀，上頭安車輪，以十字鐵條絆緊；輪外安鐵轉棍，將銃墊起均齊，兩頭平高，將刀鏇抬上鏇床，平對銃口，插入口內。緣漸鏇進，鏇下銅末，掃去；再鏇，或三、五次，以光爲度。

鑽火門之法。比照內塘尺量，緊挨銃底，以純鋼粗鑽，蘸油鑽下，與底相平，方爲合式。凡係銃之倒坐與不倒坐，全在於此。若畧高一尺二分，則放銃之時，必倒退數十步，戰陣之際，貽禍不淺。慎之！慎之！

製造銃車尺量比例諸法

大銃之必用車，猶利劍之必用柄也。劍非柄，則無以把握；銃非車，則難以運動。故銃車之制，必長短、厚薄、大小尺量比例合法，庶擊放之際不致搖撼，戰陣之間可追奔而輕便矣。其尺量等法，亦以銃口空徑爲則，以大木爲牆。牆厚一徑，長如銃身加十分之二。牆頭四徑半，牆尾寬三徑。自頭距尾十分得六之處，微灣下重。牆頭至身照牆寬徑一方之處,安車軸於軸位之上。往前半截開半規,鑲以一分厚鐵片以架銃耳。上下均安鐵箍三道:頭一道闊二寸五分,打釘十八個;中一道闊二寸,用釘十六個;尾箍闊一寸五分,用釘十四個。箍厚各二分,釘長二寸。牆頭包裹鐵片,寬八分徑,長二十徑,厚三分;各用釘十六個,長各三寸。兩牆相合,用木橫拴三根,見方一徑;上二根長四徑半,俱半簣。其一距牆頭一方徑,居軸之上牆之中心;其一距牆頭九分之三,牆之下面,與軸相平;其一距牆尾二徑,居牆之中心,長七尺半,透出牆外一徑,用鐵箾箾之。上覆墊板,長十徑,闊三徑弱,厚分一徑之三。外用透簣鐵箾拴三根,方半徑,長七徑。其一居牆頭木拴之後,其一距牆頭九分之四牆之中心,二者兩頭俱用鐵箾箾之;其一居牆尾木拴之前,兩頭貫以鐵環,以便拴繩,拉拽進退高下。車軸長十七徑,大二徑。中爲方簣,透出牆外,距牆半徑。鑿圓徑半之大,穿入輪轂。挨轂之處,用鐵箾箾之。每箾長二徑餘,一寸寬,四分厚。兩端用鐵箍箍,闊一寸,厚二分。挨箍嵌鐵鍵二轉,每八條務與軸平,以擋轂內鐵圈。每鍵長二寸,厚四分,闊一寸。車輪共十二徑,大轂長四徑,大亦如之。外用鐵箍四道,每道闊一寸,厚二分。轂內空塘一徑七分,兩頭嵌以生鐵穿。其穿鐵之徑各一寸。車輻每輪十四根,各長五徑三分,寬一徑,厚八分徑。車輞各七塊,厚一徑二分,闊二徑,長五徑一分。釘八個,務透輞木,長一徑五分。見方七分鐵眼錢八個,以便轉釘腳。包輞縫鐵條各七塊,每塊長五徑一分,闊一徑,厚三分。用碾頭釘六個,各長一徑,頭大半徑。

裝放大銃應用諸器圖説

銃　　規

以銅爲之。其狀如覆矩。闊四分,厚一分,股長一尺,勾長一寸五分,以勾股所交爲心,用四分規之一規,分十二度,中垂權線以取準則。臨放之時,以柄插入銃口,看權線值某度上,則知彈所到之地步矣。其權彈用藥之法,則以銃規柄畫鉛、鐵、石三樣不等分度數以量口。銃若干大,則知彈有若干重,應用火藥若干分兩。但鐵輕於鉛,石又輕於鐵,三者雖殊,柄上俱有定法。無論各樣大銃,一徑③此器量算,雖忙迫之際,不惟不致誤事,且百發百中,實由此器之妙也。

銃　　墊

每銃四件,厚一徑,闊二徑,長四徑。墊後居中造圓柄,徑大半寸,長一徑。墊形從厚漸薄至前,以便低昂。

藥　　鍬

以銅片爲之。長五徑半,闊徑半,捲轉作鍬,寬合銃口半徑。量稱藥數,以爲定準,毋致臨期誤事。其口圓尖,其木柄照銃塘加長一尺、徑大一寸。

銃　掃　藥　撞

以羊毛爲之。徑如銃口,以便掃銃之用。其柄照銃塘加長一尺,末接以檀木,徑如銃口,以便撞藥,即名"藥撞"。

起　刮　銃　杖

以鐵爲之。長三尺五寸,徑大一寸。頭如鰻尾,尖圓而扁,以便起銃。尾如蠏螯尖利,開深一寸,可刮銃銹,亦可以撬銃,低昂得宜。

轉　彈　鐵　杖

煉鐵爲之。長七寸,其頭扁尖而利,形如烟燒外向;柄照銃塘加長一尺。如彈不甚圓,以急用誤投銃內,致橫攔於半空不出,則以此撥之,而使出也。

箝　火　繩　杖

以銅爲之。左右各灣,長三寸,頭各開,以便箝繩點放。中餘直銃三寸,裝柄處亦三寸。其柄用木,長三尺。

火　　繩

以榕樹根最嫩者,去皮,心椎軟,和松脂撚繩,或竹青亦可。如棉繩、麻繩,必用新者。入黑豆湯內,每繩一斤,用淨硝二兩煮,晾乾聽用。

收蓋大銃鎖箍圖説

口　蓋　鎖　箍

煉鐵爲之。其蓋照銃口外圍,務寬大,覆轉如傘幃樣,以避雨水浸灌。其蓋徑兩際,各繫鐵鑹;灣曲之處,俱用樞紐,以便轉折。以一鑹合樞筩鐵處橫分,折疊兩股,以便圍轉。以一鑹開竅,套兩股樞以箭之,以便上鎖。但蓋根底亦可那動,故照銃口空徑造圓木一寸長,釘於蓋之陰面,如火門柱子一般,那動不開矣。

<h2 style="text-align:center">火 門 鎖 箍</h2>

煉鐵爲之。照火門銃身圍圓作箍,厚二分,闊二寸,判爲兩股。股似半規,兩端俱爲樞紐。先以兩股樞貫以鐵筩,聯而爲一,以便開闔。餘兩股樞,以待合而後鎖之。於近鎖稍偏三寸之際,比箍增闊一寸;於箍背面安一鐵柱如火門孔梢,以便出納鎖匙。先以箍柱插入火門之內,然後以兩股合樞上鎖,庶箍有根蒂,不致上下那動。其見方增闊,亦不致雨水之浸。

<h1 style="text-align:center">鑄造各種奇彈圖説</h1>

銃之得力處,全在於彈。故西洋彈制,非止尋常一色,其用彈,亦非尋常一法。有專以擊遠者、攻堅者、橫截者、開闊者、炸爆者、寬撒者、驚震者、燒焚者,所用不同,故其制各異。惟合口之彈,不可太小,小則銃塘縫寬,火氣傍洩,發彈無力,且不得準;亦不可太大,大則阻攔塘內,倘偶發不出,則銃必炸裂。其法必欲大小得宜,湊合口徑微小二十一分之一;更欲光溜極圓,毫無偏長歪斜等弊,則擊放之際,火力緊推彈身,必更遠到而中的矣。其鑄法,照造銃模之泥兩塊,做成磚形,即以彈徑半規鐵片鏇成半窩,上以羅細煤灰刷塗,又用半規鏇匀。模成候乾、燒過,兩塊對縫筩合。以麻皮纏裹前泥,封固聽候。用鐵鎔鑄,每鑄或一枚或數枚不拘。俟彈鑄成,鉗置圓窩鐵砧之上,即趁熱將彈上鑄口縫痕立即打圓;若彈冷,必再燒再打,定以極圓爲止。若鑄小鉛彈,即以紫石爲模,每一鑄可得數十。鑄成,用刀削圓鑄口縫痕,再用鐵滾槽滾過,末用布袋盛稻皮同鉛彈,着實擦揉,庶得光溜。

圓彈:前説已盡,兹不贅陳。

響彈:亦名"吼龍彈",以生鐵鑄之。鑄時,於模內更爲小模,以空其中。放時,以空口外向,則出銃口迎風而響,如吼龍然。

鍊彈：亦名"鴛鴦彈"。其形中分兩半，彈心鑄存蕳釘，長大各五分，如磨心相似，以便蕳合渾圓。彈之邊際，各鑄鐵鼻，聯以百鍊鋼鏈，或長四五尺、七八尺不等。放時，先以鋼鏈入口，次以鐵彈合圓裝入；彈出之際，兩頭分開，橫拉往前，所過無敵。

鑽彈：攻寨所用。中以百鍊純鋼打成粗條，長一徑半，粗得一徑四分之一，兩頭磋成尖銳。鑄時，先定中線，毋使稍偏並輕重長短，以致歪斜不能直貫。若攻營寨，勢若拉朽。

鑿彈：攻城所用。亦以純鋼打成粗條，長三徑，粗得一徑四分之一，兩頭磋寬大劍形鑿頭。凡遇攻城，先以此彈鑿破，復繼以圓彈擊之，無不推倒。

分彈：亦名"橫彈"。以一彈中分兩半。以鋼條爲柄，長二徑，粗得一徑五分之一，中用鐵環爲紐。裝時以細繩輕縛，放時則橫開向前。此亦"鍊彈"之意。

闊彈：一名"扁彈"。二圓分爲四塊，形如"分彈"，但柄短一徑，而鐵紐居中，蓋取扁闊散陣之意。

散彈："圓彈"分爲四塊，每塊鋼柄長二徑，粗照前；然必輕重適均，毋使偏墜。此亦"闊彈"之制，但所用更寬。

公孫彈：大彈一枚，帶小彈多寡不等。裝時，先以紙錢緊蓋藥上，次裝小彈，末用大彈壓口，是名"公孫"。

蜂窩彈：大彈一枚，帶小彈、碎鐵、碎石及藥彈諸物，多寡不等。裝時，先以諸物裝入，末用大彈壓口，是名"蜂窩"。

製造狼機鳥鎗説畧

大銃宜用銅鑄，小銃宜用鐵打。其鐵，用閩廣者佳。但打銃全在煉鐵極熟，捲筒全要煮火極到。若不諳此法，只恐薄而加厚，又恐重而減短，以致不能命中及遠，並銃亦無用也。又恐短鐵生筒，疏心炸裂。煉鐵，炭火爲上。但北方炭貴，無奈用煤燒。鐵在爐時，用稻草剗細，搥好黃土，憑洒火中，令鐵汁自出；鍊至五火,用黃土和水作漿,入細稻草浸一二宿,將鐵放在漿内泡沃半日,取出,再煉至十火之外。必須生鐵十斤,煉至一斤之時,方可言熟。

佛狼機,係西洋國名。鳥機,即狼機之極小者。是以兹器,格理甚精,設法甚密。其義蓋恐銃短不能達遠命的,故銃身必取其長;又恐體長轉身不便,難以裝放,故又多設子銃,更番提換,一以便裝,一以免熱。其銃之身長,小者自五十徑起以至七十徑,大者自七十徑起以至百徑。銃身之後,外爲半徑以托子銃,其長必過子銃身徑。後鑿拴眼,以受壓拴子。銃身,大者十徑,小五徑,底各一徑。底後伸出一徑,以便拴壓。口上套簧,深長一徑。銃之口徑,小者自五分起以至一寸,大者自一寸起以至二寸。銃之輕重,鳥鎗自四斤至六斤,鳥機亦同。狼機自五十斤以至百斤,城守者或用二百斤亦可。鉛彈,自三錢起以至一兩;鐵彈,自四兩起以至二斤。

是器之妙,全在子母銃筒大小合一。其兩口相接之際,必爲鴛鴦長簧渾湊緊密,不得絲毫大小,後拴鎮壓穩固,故彈出平正直速,自能遠中而且有力。今人不諳此義,以銃身後截即爲半徑托銃。蓋托銃既窄,則子銃必小而薄,合之母銃,竟小數分,且彈不圓不入子銃腹内,致藥發寸數而後及彈,則藥力緩矣;彈纔脫口,而母銃寬大燉蕩,藥力散漫。若此者,是猶無母銃矣!又何取於筒長欲遠中而力猛也?

銃身捲筒,小者用鉗,大者用提架,或三節、五節,煮成全體。其各節之内,先要算定前後厚薄比例之數。大約子銃筒徑之厚,應得口徑十分之八;母銃後筒,應得十分之六;母銃前筒,應得十分之三。此狼機、鳥鎗之例也。若鳥鎗,則火門筒應得八分徑,口筒應得四分徑。各節照此比例。上下周圍,厚薄適均。其節縫合口之處,更要極力煮熟,於將合未合之時,用鐵刷刷去重皮灰滓,鎔煮渾化一體。候各節既成,然後接成長筒。着實火煮,敲打勻直圓固。筒成之時,塞住一眼,以滾水灌入腸内,看有隙處,再加火煮,必期毫無滲漏,方爲良筒。

狼機,内外照依大銃鏇塘打磨,其塘内更欲圓净光溜。子母合口簧縫,着實緊密。拴壓,着實穩固。前後照門、照星,正直無偏。後柄稍低數寸,以便看的,不致礙眼。

鳥銃，先磋去粗皮，分作八稜，前後十字分，中吊準墨線，插置鑽架之上。架頂用線吊下，直對筒上墨線，一樣用木翠定，二人對鑽，又一人用鉗將鑽根提着，便鑽得旋轉伶俐。

鑽要長短五六根，自一尺起，每根添長三寸，至三尺長止。先鑽上口，至中間翻轉；從底再鑽，相通爲度。交接之處，更宜詳細看線。

銃筒既已鑽去粗皮，又須另換長鑽光洗。其鑽之兩頭，須長五寸。頂頭一寸，畧作尖鋭，中間四寸，務要勻直大小一般，其筒洗出始直。若如棗核子，鑽時隨灣就灣，其筒畢竟歪斜，不得勻直。銃筒鑽完，磋磨停當，用鐵一條磋成螺蛳旋，或七層十二層。後尾方長寸許，微似門大，再用鐵一塊，打成方眼，將螺蛳底方頭插入眼內，將筒翠定架上。以螺蛳底放入銃後門，用鉗擰入。將後尾磋去，止留方頭五六分。

火門用鐵磋成，作馬蹄簧，將銅後根鑿一槽，下寬上窄，將火門安入，其眼宜小。次安火門蓋及後紐等件。照門、照星後尾，俱照狼機。○銃床必安木墊，端直乾挺，方爲可用；若歪斜，則放時振動搖撼，銃亦因而不準。又必須漆過，則不怕水濕。

製造火箭噴筒火罐地雷説畧

火箭。以揹過棉紙捲筒緊厚爲度，每下藥一匙，打一百錘；第二匙，加一百錘。以後照數遞加。每筒約打至四千餘錘，則發始遠而且勁猛。藥箭須要麻稭灰，他灰不能透上。鑽孔之法，以藥分爲十分，約鑽至七分爲止；多則通頂，出火不便。其孔要直，不直則歪。以鐵捍打成自然者更妙；且要寬大，可容三根藥線，出則透而有力。若孔細，則線少火微，出則低近而無力矣。箭鏃長五寸，要寬大倒鬚。桿要堅直，長三尺或四尺，重三兩或四兩，用藥二兩五錢。若爲放火燒燃之用，必加後火藥，始得易着。其放法，必加溜筒方可命中。筒外以礬紙托油紙兩層包裹，庶過夏不致走硝，可以久留。又有以此法造成數倍然重大者，即名"飛鎗"、"飛刀"、"飛劍"是矣。

噴筒。以二寸徑粗竹三尺五寸,去節鑿光爲筒。大頭朝上,外用籐絲緝箍五道,勻箍於筒之外;於下頭五寸之際,留竹底一節,下安木柄,長四尺,粗寸餘,套柄之處,用鐵釘箭之。於筒內,以不木灰、膠礬水調成漿水,周圍均漩一次。俟乾,再漩一次。底上,以不木灰、膠礬水調泥築實,四五分厚。其膠礬分兩,膠一兩,礬二兩,水二斤,照常熬兌。裝藥用小竹筒,三尺五寸,去節。裝粗壯雙藥信,於內插入筒底,四圍裝火藥一徑,築實,下藥彈一徑。其彈與藥,分兩相半。如此裝滿至頂,空一寸許,用合口火藥餅一個蓋之。餅心留孔,以通藥線,傍用碎紙塞緊。裝畢,將竹管從容拔去,外用礬紙托油紙拴住筒口,中亦留孔,以通藥線。若行營,更加油紙二層,連藥信一並蓋住。用時,去外一層點放,高十數丈,遠可四五十步,寬可十數步。此名"滿天星噴筒",亦名"一窩蜂"。無論戰與守,凡係近用,持柄任意,噴燒傷敵,極爲寬衆。若爲燒焚之用,則以徑大藥餅,兩傍開竅,如銀錠樣。裝時,用小竹管二根,各裝藥信,插入筒底,兩邊裝藥一層,下餅一個。餘法照前。此名"飛天噴筒",亦名"霹靂火"。燒帆焚寨,所必不可少者。藥信者,火藥引線也。

火罐,亦名"萬人敵"。亦有用生鐵鑄成圓形,名"西瓜礮"者,總屬一類。每罐用炸藥一斤或三五斤不等,雜裝爆仗、飛鼠、鐵蒺藜、碎鐵、碎石、礦灰、磁砂等物。其鐵石、蒺藜要製過,灰砂要炒過。其分兩,每炸藥一斤,雜物二斤。其罐用裏外有釉,庶免過夏發潮之虞。罐口宜小,且要束頸,以便拴固。罐外用四耳,耳上各拴粗麻繩一截,繩之兩頭,各留二寸,蘸磺。放時,將磺頭各點着,隨便擲擊,橫直炸爆一里餘寬,傷敵甚衆。此係城守、水戰時刻不可少者。

地雷,亦名"轟雷"。用裏外有釉磁罈,大小不拘,要小口束頸,旁有寬嘴。每罈用炸藥五斤、十斤或數十斤不等,裝入罈內,約滿八分爲度。用小管一根,照罈長短,去節,內裝粗信三根,兩頭長出寸餘,從口插入罈內,罈底用油紙封固,上用磁碗扣蓋。罈下挖坑數尺餘深,將罈擱起在內,以避水氣。四圍用大小堅石堆砌高厚,上用大石壓緊,外用泥土封固如墳堆樣,使人不疑;亦有下挖深坑,上爲平地,使人不疑者。於罈口藥信處,用小磁盆着烘藥緊置口邊,以便安接走線點放。上用大磁盆多覆,以防雨水。此法大約宜於高阜,不宜於低窪,蓋恐雨水浸灌之。慮此,係城外埋伏隘要,亦必不可少者。其用磁罈之意,一則取其能避雨水,一則取其倘或未用,亦可以收回也。

【校記】

① "察",卷前目録作"參"。

② 查無此字,疑爲自造。

③ "徑",依句意應作"經"。

增補則克録卷中

提硝提磺用炭諸法

提硝用雞蛋清。每硝十斤用蛋五個或十個,視硝質之清垢如何以爲加減,不必拘數。預備有耳大新鐵廣鍋二口,先用一口量可容硝若干,大約以平鋪半鍋爲度,將蛋清入内,用手極力揉搓拌匀,漸加以水,傾入彼鍋,以水浮硝面一拳爲度。然後發火煎熬,以大木匙常用攪匀;俟大滾數沸,垢沫漂浮,用細密竹笊籬撈去,再攪再煎。不可太老,亦不可太嫩。以草棍蘸硝水滴於指甲之上,即成突起圓珠,便是火候。用有釉新磁缸一口,以夏布二層將缸口鞔定,以鍋内硝水傾入濾過。俟三五日後,硝已成牙,將浮水另揮磁缸之内,取硝晒乾研細,以細絹羅篩過篩,聽候配合。其水中未盡之硝,用前法再熬一次,將硝取盡,則餘水不必存矣。

又方:用甜水高硝面二寸爲度,每硝二十斤,用水膠一斤,先泡開。大蘿蔔一個,切作四五片;皂角二條,鎚碎;炭灰汁水四兩,同入硝鍋煎熬。以大木匙着實攪匀,候大滾數沸,將浮膠垢沫去净;候蘿蔔已熟,用細夏布二層濾去,磁盆澄二日,去水取硝,研細聽用。取硝之時,看牙頭明,方可取用;若不明亮,尚有鹹味,則是鹹未盡,不可入藥,當用前法,再煎再熬一次,取其餘硝。○此方以硝質原無他垢,唯生産地中多雜鹽碱結成。殊不知硝性主燃,鹽碱主滯,若一毫未净,則硝之力不猛烈矣。故兹必用灰汁諸物,正欲盡去鹽碱,净還硝質之本體耳。

提磺,用生者佳。先搗碎,揀去砂土,每磺十斤,用牛油二斤,麻油一斤。用有耳大新鐵廣鍋,將油入内盪過,使不沾磺;然後以搗細之磺,徐徐投入,用大木匙旋攪鍋底,勿使少停;俟磺鎔開,用細夏布笊籬,隨時撈去滓垢。其鍋口宜大於竈數寸爲妙,以防火熖。其火宜用炭,不宜用柴,恐柴火熖燃入鍋内;即炭火,亦不宜太旺,恐鍋熱而磺即燃。當備瓦數片在傍,以防鍋熱,蓋壓其火。待磺已化盡,將鍋掇起離火,又毋令冷滯,速以細麻布濾入磁缸。候冷,則油浮於上,磺沉於下,去油用磺,研細聽用。倘油氣未盡,則①薄棉紙一層包裹磺外,入乾爐灰内埋一二日,其油自淨矣。

又方:每磺十斤,用牛油二斤,用水煮化,以搗細之磺,徐投入内。其水不可太多,務使與磺相平。以木匙極力攪勻,俟鎔,煮刻許;漸加以水,不可太多,務高磺面三寸爲度。用細夏布笮籬撈去渣垢,再熬,再撈。另以細夏布濾入有釉磁缸之内,候冷,揭油,去水取磺用。○此方以磺中之澤垢固爲難淨,而磺中之油性更爲難淨,人知以牛油去磺之垢是矣,至若油之藏伏於磺者,一毫未淨,則磺性終不猛也。茲故先用牛油入淺水煮攪以去渣垢,更用深水滾沸以去油性,則庶幾油垢兩盡,而磺得純淨之本質矣。

用炭,麻稭茄梗爲上,迎春梧柳爲次,杉木爲下。大約輕浮之木俱可用,但木俱要盡去皮節。柳木用正月取者有力。餘法照常。燒炭研末,羅細聽用。

配合火藥分兩比例及製造晒晾等法②

大鎗藥方

硝四斤,磺十二兩,炭一斤。磺作加一零八,炭作加二零五。

鳥鎗藥方

硝七斤,磺十兩,炭一斤。磺作零九之數,炭作加一零五。

火門藥方

硝一斤四兩,磺二兩四錢,炭三兩。磺作加一零二,炭作加一零五。

將硝、磺、炭三種,先各用大銅碾碾末、羅細,照前方分兩,配合一處,用淨甜水拌成半乾半濕。決不可用井水,恐有鹼氣;又不可用木石及生鐵杵臼搗之,亦不可乾搗,恐乾搗與木石生鐵之器俱能生火。必將兌成火藥,放在銅鑲木舂、銅包木杵脚碓之内,用人着實踩搗。其人須擇小心勤慎者,勿使毫釐砂土塵蒙藥內,恐搗擊之際,砂石相磕,偶而生火,貽害不淺。倘搗久藥乾,再用水拌濕。搗萬餘杵取出,放在手心,燃之不熱;或用木板試放,畧無形跡,烟起白色,快且直者,方爲得法可用。倘烟起黑色,木板燃焦,手心燒熱,即用前法再搗,如法方止。俟藥已搗成,即用粗細竹篩。其大鎗藥,用粗篩,篩成黍米珠;狼機藥,用中篩,篩成蘇米珠;鳥鎗藥,用細篩,篩成粟米珠。惟火門藥不必成珠,但多搗數時,候乾羅細,另裝小罐待用。

或謂藥既搗久,力自猛烈,不必成珠亦可。殊未知諸凡物理,精微莫測。昔西國一兵,偶爾放銃,發彈不及數步,且聲亦不響;再過數時放之,銃又炸矣。究其藥,原係美藥火門裝法,仍皆照舊。諸人莫解,銃師亦莫測其故。及再四推度,索彼原藥仔細詳看,乃知此弊原因。軍人帶藥奔走搖撼,以致炭質本輕,漸浮於上;磺質本重,漸沉於下。所以先放無力而不響者,以炭多故也;後放而銃炸者,以磺多故也。且銃筒多長,若用細藥,則必沾粘筒上,藥不到底,發彈無力。所以必欲成珠,則諸弊可免。但不可太粗,恐裝不實,必如前法,庶幾可用。

俟藥既篩成珠,或用細蓆或竹筐,鋪藥於上,畧用樹蔭日色照乾。萬不可用暴日、夏日晒之,恐日中生火,猝難救耳。

候藥晾乾,用內外有釉磁罈一口,須有束頸,以便拴固;罈外須用竹絡,以便擡掇。收藥務要稱準定數,每罈百斤或五十斤,以便分發,庶免臨警稱散,倉皇而失事也。藥既入罈,先用礬紙托油紙着實拴緊,上用大磁碟蓋在口外,再用膠泥封固,候乾,另交藥庫之內收盛。倘各軍所領零藥,因日久發潮或被雨水、泉水洒濕,如前法搗過、篩珠、晾乾,則火藥之力,仍舊猛烈矣。

收盛火藥庫藏圖説

火藥原備傷賊之用,若收藏無法,偶致自傷,其害更大。如小城,用藥不多,不過分置各處靜所,封鎖嚴固,或可無虞。至若都省邊鎮,軍興之際,未免常開局廠,終歲製造,積藥既多,若無良法收盛,如京城王公廠、盔甲廠、安民廠屢變之慘,豈非前鑒哉?藥庫之制,總以避火爲主。最要緊者,藥庫不可同在造藥之局,亦不可逼近人烟密處,更不可深藏坑窖,以致地中遊火偶發,震動地脈,延禍極廣。其庫基必擇間空高爽之處,以避濕氣。其房屋不得多用木料。墙垣不用磚石,只用土築。房簷包入墙内,墙必包過房脊。庫門用鐵皮裹緣,不露寸木,以絶招火之端。庫房之内,用寸厚板漫平,離地一尺五寸,以絶地中遊火。四隅用磚砌曲折風孔,以通濕氣;孔内用銅網隔住,以絶外面火入。庫簷四隅,亦開曲孔透風,孔内亦隔銅網,以絶空中火入。庫之内外,一概不得鋪蓆、糊紙及堆積柴草並蘆葦、麻秸、蓋瓦、夾籬之類。門軍邏卒,止許居住外層。炊爨許用煤炭,不許用柴草,以絶發火之根。其庫房之大小多寡,不拘定數;大約一城之藥,不宜總歸一處,恐偶有失事,復遇變警,猝難製造。即一處之庫,亦不得接連合一,只宜一二間或三間,各爲一庫,俱用厚築土墙包隔,各庫彼此相離二丈餘地。庫門不得直對,夾道必曲折開向,外加土墙,上門封鎖。衆庫之外,總用厚土圍墙一道,高過房脊。總墙之外,各二丈寬許夾道。夾道之外,各築圍房,一層四隔,住邏卒,門俱外向。別房盛別器者,門俱内向。惟南面開門之處,多加圍墙,夾道一條,高闊照前。夾道之外,造圍房一列,以數間爲官府署廳,以數間爲門軍住房。廳房門俱内向。其多餘房間,不得賃外人出入。總門不必立大門樓,只用磚圈小門。其各門路徑,不得直通到底,俱要紆回曲折。圍房之外,各空大道一條,寬二丈,各與民房隔絶。其大道之四隅,各立眺樓一間,四面開窗,至晚,各派邏卒二名,在上輪替瞭望。下安柵欄,以阻人行。其内外各門,至晚各派門軍二名看守,日間禁絶閑人出入,違者即以奸細論罪。官府入庫,跟伴不得私窺庫門。其守庫軍卒,務擇土著熟人,仍互相保結,連坐賞罰,以示鼓勵,斷不可妄用生人,以防奸細。管庫官不時巡察,稽其謹怠。

西洋另有小庫之制,即於城頭間空之處,附城裏面,幫築方臺之形,高與城等大者,見方三丈,小者二丈。周圍編以荆笆爲墙,用羊毛和泥塗於笆上,外用桐油石灰,披蓋三分餘厚。其笆裏外兩層,相距四尺;其頂尖圓,亦照周墙,兩層泥塗灰蓋。門用木板,鐵包裹外兩層,曲折安置。四隅上下,曲折開孔透風,亦用銅網蔽之,以防火氣。其藥,照前用罈裝盛。每庫可藏數萬餘斤,將門封鎖。

只須二三邏卒,輪流看管,較之大庫,更爲省便,州縣小城,極宜倣此。此庫之妙,正取頂圍不用木石磚瓦,止用荆笆,體輕料微,縱有失事,火性炎上,一轟而起,所傷無幾。萬不可將藥藏盛寺塔、城樓等處,倘有不測,則木石飛揚,貽害不可言矣。當事者慎之!

西洋更有一法,存盛火藥,不可盡數合成,但將各料練淨、研細、分盛聽候。臨用,多以連日齊衆合搗,即日可成,無患不及。若將所□③之藥料盡數合成,恐積多日久,偶遇地火遊行,時有焚燒。此人事之不謹耳,非天災之謂也!

火攻諸藥性情利用須知

火藥之性情迥異,火攻之作用亦殊。習此技者,若非熟④知諸藥本來之力,與夫相需佐助之功,則方藥之是非可否,無從辨別,製作之變易加減,亦無從斟酌。如硝性主直,直者利於攻擊;磺性主橫,橫者利於炸爆;炭性主燃,燃者利於噴發。但炭有不一,茄梗、蔴稭主烈,葫蘆、竹箬主爆;楊柳性急,杉木性緩。性既有異,用亦隨宜。以上係火攻常用之主藥也。如雄黃急而熖高,石黃燥而迅烈,礦灰、皂礬、秦芄傷眼,銀釉、硇砂、磁鋒爛肉;白砒、巴豆、膽礬、乾糞主毒;松脂、桐油主燒而鑽粘;潮腦、豆礬、乾漆主焚而發旺;艾納烟聚而突起;蘆花、銀杏葉火散而飛揚;狼糞烟熖直挺;江豬灰逆風返衝;水馬見水更急。以上亦火攻偶用之佐藥也。外有猛火油,出占城國,入水愈熾。九尾魚脂,出暹羅國,遇風逆裂。此藥雖難得物,藥性亦所當知。以上藥內多有非常用者,似乎不必濫稱。但爲將之道,正宜詳格物理,且偶逢奇正,或可兼資緩急,不妨咸備;若臨機應變,隨宜施用,斟酌在人可矣!

火攻佐助諸色方藥

藥製毒彈方

硼砂,銀釉,桐油,班猫。

右各等分,研細,將鉛鐵小彈及碎鐵、碎石、磁鋒等件,俱先入人中汁内,浸三日,用火炒乾,將藥滾上,著敵立斃。

藥 彈 方

柳屑,一斤,晒極乾。松香,三斤。潮腦,二斤。硫黃,一斤。乾漆,半斤。牙皂,一斤。石黃,八兩。硼砂。八兩。

右各研細末,以白芨麵或榆麵一斤,調稀和勻,做成指頂小彈,晒乾聽用。此用以近燒人馬,緊鎖皮肉,疼痛莫當,且毒氣侵發,不時斃矣。

藥 餅 方

硝,二斤。磺,一斤。石黃,一斤。潮腦,一斤。乾漆,十兩。柳屑,二斤。芸香,半斤。松香,三斤。好麻。六兩。搥軟,剪寸許長作線。

右各研細末,用白芨麨一斤或榆麨亦可,調成稀糊,投藥入內和勻。每餅用藥一兩七錢,加鉛三錢,入模,印成餅子。兩旁各留圓孔,如銀錠樣,晒乾聽用。此用以燒帆、寨,有如膠粘,卒難解救,燒焚之功,最爲第一。

火 箭 藥 方

硝,十兩。磺,五錢。炭。三兩五錢。

右味共研細拌勻,搗法照前。

起 火 藥 方

硝,十兩。磺,三錢。炭。三兩五錢。

右方有加蜜陀僧五錢、除炭五錢者,搗合照前,造法亦如火箭。

噴 筒 藥 方

硝,十兩。磺,五錢。炭。三兩。配合研搗,悉照前法。

噴 銃 藥 方

硝,十兩。磺,一兩。炭。二兩。雜物在外,餘法照前。

火 罐 藥 方

硝,七兩。磺,三兩。炭。二兩。每火藥一斤用雜物二斤。

地 雷 藥 方

硝,十兩。磺,三兩。葫箸灰,二兩。石黃,五錢。雄黃,三錢。硼砂,五錢。用桐油、巴油炒過。

爆　火　藥　方

硝,十兩。磺,二兩五錢。班猫,五錢,搗合照前。炭。一兩五錢。

火　信　藥　方

硝,十兩。磺,三錢。葫箸灰。三兩五錢。此係常藥,若裝竹管亦可。

埋伏走線藥方

硝,十兩。磺,一兩。炭,三兩。班猫,一兩。白砒,三錢。潮腦,二錢。水馬。
一兩。

右照前法配合,先撚就麻線若干,聽用。以薄棉紙裁成直條,一寸寬許,將
麻線順鋪紙上,以信藥入內,照常加粗二倍,捻成圓條,接續相連,令其不斷;外
用礬水、麵糊,周圍抹過,晒乾,令成硬條,以免散開;外用熟油紙爲衣。再用毛
竹截斷,長短不拘,上下接連套合,湊長可數十丈,以接就藥線入竹筒內,隨套隨
穿,務與銃眼烘藥相連,隨機點放,入雨水不能壞也。

又埋伏扁線藥方

藥方照前。用細布裁條,六分餘寬,以稀麵糊刷過,乘濕厚敷信藥於上,雙
摺成條,用棉紙纏固,粘貼壁上令乾。揭下用熟桐油紙封裹,外用松香三兩,黃
蠟二兩,潮腦五錢,白砒三錢,雄黃三錢,石黃五錢,水馬一兩,班猫五錢,先將松
香、黃蠟化開,後將諸藥投入攪勻,用黃牛尾刷子蘸藥,將扁信勻刷一層,令乾,
可避雨水。

飛兔飛鼠方

即火箭起火之制,但不用鏃桿。紙筒畧短三分之一,尾加後火,兩頭各繫銅
絲小圈,以便走溜即是。

火　種　方

不木灰,一斤,北方石灰名。鐵末,三兩。硬炭末,八兩。麩皮,三兩。紅棗肉,
六兩。

右用洱水搓成圓餅,每餅重一兩。用時燒通紅,以燒過熱爐灰埋藏,可經
數日。

火攻佐助方藥附餘

放 火 藥 方

蘆花，十斤，不見風日密室晾乾，再用桐油拌晒。松香，三斤。艾納、潮腦、豆麩，各一斤。乾漆、銀杏葉、石黄，各半斤。班猫。四兩。

右各研細末，與火藥三七配用。此方藥力迅利，飛步高遠，用以燒焚糧草、營寨，見此無不著矣。

逆 風 藥 方

狼糞、艾絨，各八兩。江豬骨，一斤，燒灰存性。江豬油。一斤。

以前藥合油拌匀、晒乾、研細，與火藥三七配用。此方力能鬥風，凡用火攻，若風不順，必加此藥，則逆風而愈硬矣。

烽 烟 藥 方

狼糞，百斤，晒乾研細。柳炭，二十斤。净硝，十斤。榆麵。二十斤。

先將硝用水煮化，以榆麵調成稀糊，將狼糞、柳炭入內拌揉，造成斗大綫香之形，晒乾。遇警燃起，烟衝半空，日黑夜紅，風吹不散。

本 營 自 衛 方 藥

解 火 毒 藥 方

烏梅，一斤。甘草。一斤。

右共研細末，稀米糊爲丸如指頂大。每服一丸，可解諸般火毒。

又方：用血餘燒灰，存性。每服五錢，白湯送下，可解諸毒。

又方：用萬年花，四時青，含香木，劉寄奴。

右各等分爲細末，米糊爲丸如指頂大。每服一丸，可解諸毒。

避 火 毒 藥 方

凡製造諸般火攻毒藥，必先用真阿魏抹擦口、鼻、眼、耳，可免毒氣侵入。

敷 火 毒 藥 方

瓦松，一兩。雄黄。三錢。

右用烏鷄血和搗泥爛,敷貼傷處,立愈。

貼火瘡藥方

鮮豬油,二兩五錢。黃蠟。一兩。

右先用藤黃二錢,水二碗,將黃蠟同入净鍋,煮化制過,滾沸片時,掇起聽用;次將豬油熬化,去渣,投蠟入内,攪勻成膏油紙,攤貼傷處,立愈。諸般瘡毒及各樣傷處,以此貼之,俱有速效。

試放新銃説畧

西洋鑄銃之法,雖是詳備,但以各處銅鐵質體之精粗不等,地界水土之燥濕不同,以致鑄時,難保必成。即雖彼處亦必萬分加慎,於鑄成之銃,外貌倘似完固,而内體或有疏瑕,以致試放而或炸裂者多矣。是以試放新銃,無論大小,一概宜加謹慎,防備炸裂。其極大者,用鉅木三根,入土丈餘,夾銃而固縶之;中者,用小車照常架於車上。先用半藥烘一二次,再用常藥、常彈實放二三次,然後加倍彈倍藥點放,數旬完固無變,則永無炸弊,斯爲實用之利器也。其加倍彈倍藥之説,謂以常法大彈重五斤者,所帶小彈亦重五斤,共算十斤之數,則用藥亦宜十斤。此常彈常藥之説也。今所謂加倍者,謂將小彈外加五斤,共算彈重一十五斤之數,將藥亦加五斤,共湊一十五斤。此即所謂倍彈倍藥也。若所加太多,則亦恐誤事。試放之際,預築鬆土厚墻,置銃於墻外,走線放之,萬無疏虞。若試狼機、鳥鎗,亦須倍彈倍藥,試放數旬而無誤者,庶臨陣之際,始敢從容放心而擊敵也。

裝放各銃竪平仰倒法式

裝放高下,固在隨時取便,但諸銃所用,亦有各法不同。唯竪放,止有飛彪銃,十一度、十二度,攻城可用。倒放,止宜守銃,一度至四度,守城時下擊可用。平放之法,最宜用於戰陣,百發百中,萬無一失。仰放之法,止一度以至六度,上下不等,大概宜於攻銃。若飛戰銃,亦嘗用仰法。但學者不可拘泥,亦不可錯誤,唯相機觀變,斟酌用之可矣。

試放各銃高低遠近註記準則法

凡各等大銃,既經試放無失,必先分定各等次第,挨次編立字號,預造空冊一本,將各字號挨次登記。如某等、某字、某號銃一位,依法照常彈藥用平度試放,看準本彈所到之靶多少步數,照數註記本銃之下。(又照常彈藥用平度試放,看準本彈所到之靶多少步數,照數註記本銃之下⑤。)又照常彈藥用高一度試放,看準本彈所到之靶多少步數,又照數註記。如此依法照前,自平度試起,以漸試至六度,而照數註準。及各銃試準註完,即照冊上原號、原數挨次刻記暗號於各銃之上,以便司銃者臨用之際量敵遠近,以爲擊放之高下也。俟各銃刻記完畢,將本冊照樣共造三本:一存鑄銃官留底,一存帥府備察,一存本將教練。仍將各銃度分步數,抄寫小帖,分給司銃軍士,責令熟記,以便演習。此法無論戰攻守銃,皆所必用,但守銃更宜詳悉。如城上,銃既有定位,即將城外遠近地面,或隘口,或橋梁,或要路,約量緊急去處,閒常備細,試放記明。如某處遠者,用某度可到;某處近者,用某度可到。照數熟記明悉,仍詳註暗號,小帖隨身,庶臨敵之際,可從容暇豫,隨宜擊放,無有不中者矣。其註記之例,萬不可誤認,彈到之處,以爲定則。蓋火力迅急,多有彈已落地,仍復激起而去數里;若是乃餘氣之所飄至,實非正力之所推擊。此等苗頭,不但難於定準,且强弩之末,雖中亦無用也。其法只以彈著靶者爲準。今篇內增繪三等圖式,正防學者誤認而錯註也。苗頭:視學也,謂測視遠近之準則。俗呼望遠,其音如苗。

各銃發彈高低遠近步數約畧

各銃大小迥異,發彈遠近有殊。用火攻者,務必預知約畧,以便臨敵之際,酌量長短,隨宜施用也。

三號大銃,用彈三四斤重者,平度擊放,可到四百步;仰高一度,可到八百步;高二度,可到一千四百步;高三度,可到一千八百步;高四度,可到二千步;高五度,可到二千一百步;高六度,可到二千一百五十步,計一千零七十五丈,合六里地。若高七度,則發彈太高,從上墜落,其彈無力且反近矣。諸凡放銃平仰度數之法,皆可以此例推。

二號大銃,用彈六七斤重者,平放可到七百步,仰放可到三千五百步。頭號大銃,用彈九斤重者,平放可到一千步,仰放可到五千步。

頂尖飛龍戰銃,用彈二十斤重者,平放可到七百里,仰放可到三十餘里。攻銃,彈重十斤至四十斤者,平放可到五百步,仰放可到一千五百步以至五千步。

小銃狼機,用彈重半斤至一二斤止,平放可到三五百步,仰放可到二三千步。

大銃狼機,用彈重三斤至五斤者,平放可到七八百步,仰放可到三四千步。鳥機、鳥鎗,平放可到百餘步,仰放可到三百步。火箭亦同。

以上俱係約畧之數。蓋以銃塘有長短不同,藥性有緩急不等,裝法有鬆緊不一,故不便執定細數,以滋疑慮。倘必欲細數,亦必將各銃依法備細試驗,註記明白,方可定數以爲準則也。

教習裝放次第及涼銃諸法

西洋教練火器,未肯令草率粗疏之人便許當兵食糧,必另有學。教官大設教場,聽從民間願習武者各開籍貫投詞,里老親族連絡保結,送入學内,投拜學師,羣居肄業。教官量材教授各藝,朝夕演習,就如幼童學藝一般,不得時刻間斷,以期速成。俟藝將熟,教官自行十日一考。先將應用什物查看,如一有遺忘,一不如法者,即照例行罰。次以考藝簿册,每人各居一行,註名於下,上三等九級欸例,隨藝填註高下。進者有賞,退者有罰,原等者免罰。再次原等者,量責示辱,以爲激勸。三次原等者,倍責。四次原等者,再責。五次原等者,免責,逐回改業。又約,學藝限期以一季爲度,必欲造成,若逾期不成,即行革退,不許復留,以滋勞費。其一應器械、飯食,悉係官給,學者一無所費,但亦無廩糧。必俟學成精藝,方許教官開送選武官處。先將一切器械藥彈等件逐一察驗,是否全備合法,驗畢無差,然後試演各技。大約以十發而僅中五六者,止稱通藝,不准收用,仍令回學再習。十發不差一者,稱爲成藝,方准收入營内,厚給廩糧、衣甲等件,候用立功,即名"武士"。其體儀服飾,咸旌異之,以示高貴。百發不差一者,始稱精藝,其給廩、旌異,超等優示。其教官之責,即以所教武士技藝之精粗多寡以爲升降賞罰。其餘法製,另詳將署練藝卷内。

凡初學火器,無論大小新舊,切不可遽用常藥裝放。蓋銃冷及天冷,雖厚者亦怕驚裂,必先用半藥烘過一二次,然後照常裝放,屢試無病,方可以授學者。凡初學,切不可用他人及未經慣者裝造之銃。倘偶有裝成者,亦必用搠杖探過深淺如何,然後可免疏虞。

凡彈,必要逐一看驗圓潤與否,務與銃相合;仍將各彈,俱要裝入本銃筒内,上下滾過不礙,止署小一線,則出便利,而銃亦不受傷。

凡初學,先將銃身安置平正,以照門、照星對準靶子,令學者做成架勢。著信藥放火池内,傍著一人點火,看烟起時,頭不仰避,目不閃動,然後令其自點。看頭目兩手不動,然後著藥在内,撞緊空放。看銃響時身子頭眼俱不慌亂,然後著彈打靶。蓋初學秘法,全在循序而進,久練熟慣,以使膽壯心定,則技自能漸精;若不循次序,遽令著彈打靶,則心驚手顫,諸弊不可除矣。凡裝銃,必先以銃帚細細掃净,然後裝藥下彈,蓋恐銃筒之内,署有砂土,則出彈猛烈而壞矣。

凡裝藥,用合式銅鍬,素經量稱藥數有定準者,每次用藥一鍬,裝入筒内,底邊用藥撞撞緊,然後下彈。又法:恐用鍬稍遲,先以員木照銃口空徑,或布或裱紙,照樣做成藥袋,長四徑有餘,量準藥數定規,俟裝滿封固縛緊,照銃口署小一分,以便裝入,不致滯澀,上書以號,以免差誤。臨用裝入銃腸撞緊,以鐵錐破其布紙,用信藥引放,尤覺便利,不致遲誤。

凡裝彈,先用故絹包裹縛勻,或故布亦可,塞入銃腸,庶免寬而滾溜,又須緊貼藥上,則火力猛烈,出彈自遠而且準矣。

凡打靶,先以右眼對照門,對照星。照星與靶或偏上下,學者必須備細詳察其性,看其所發之彈落頭偏向如何,隨偏湊就,則萬無一失者矣。凡銃靶,以木爲框,高六尺,闊一尺五寸,外釘蘆蓆,糊蓋白紙,上畫紅日三輪,立於平浄鬆土之地,以便彈落塵起,得知落頭偏向之病。其靶之遠近,如小者自六十步起以至百步,大者自百步以至二百步。若太遠,則眼力有限,不便看利弊。

凡銃若放火筒熱,則以銃篸蘸米醋攪潤内外,則醋行火歛,不必待涼而可裝放。

凡鳥鎗放法,西洋多站立側身向前,以單手挺架而點放者,亦有左手之下加一挂杖者。蓋因彼處戰鬥多用步兵,且器技相等,兼以習慣藝精,挤死潑戰,始宜此法耳。若教練我軍以禦强虜,自非攢營結陣而進,萬不能當。今之鳥鎗,又有於前床一尺之下,順安指大支棍二根,長二尺,於棍頭二寸之際銷孔,以粗綿繩拴繫活扣,可以交叉爲鼓架之形。臨放,先將支棍架定鎗首,銃士蹲足以銃尾安架於膝之上,庶前後穩當,不致搖動,而可從容以討準矣。放完,將支棍順床拴定,更爲輕便。

凡初學秘要,首欲習慣精熟,練壯膽氣,以從容審決,必中爲主。若畧生疏,則手慌心亂,慌促必難命中。且行軍所帶藥彈有限,臨敵忙迫裝放,亦甚艱難。況火器又在諸器之先,交鋒之始,凡欲壯我軍之膽,挫敵人之氣,勝負關頭,全在此銃之中與不中,又豈容莽撞亂放,以致誤事哉?司教練者謹記之。

運銃上臺下山上山諸法

俗謂西洋火銃雖精,但恐沉重,不便行動。殊不知西法每銃必配有銃車,其制作堅利活便,可以任意奔馳。即升高渡險,亦另有起引之法,可以運重爲輕,而不致阻滯也。

運銃上臺,先於臺下挨邊之際,設立起重一架,又挨邊安設直引重一具。臺後,安設橫引重一具。各用寸徑粗麻繩一根,先將銃車起至臺上,次將各繩同拴大銃耳際,務令兩頭輕重適均。每器用壯夫四名,齊力絞轉,雖極重之銃,可以頃刻而升起矣。俟銃上臺,更加升起數尺,即將銃車安置銃下,將銃從容放落,安置停妥,又省後次另爲安置之勞也。

運銃上山，先將大銃照常安置車上；次於山上路徑隨處修平，毋令欹斜，以致傾跌於轉灣之處。用引重二具，各以寸徑粗繩同拴銃車鐵環之上。每一引重，各用壯夫四名，齊力絞轉，引至灣處，將車轉過向前，依法引去。雖極高遠之山，亦可由漸而上升也。

運銃下山，亦用引重二具，將繩滿纏軸上，置於銃車之後，以繩頭拴繫車尾鐵環。銃車左右，用壯夫四名或六名，各持鎗棍，以備轉車之用，兩旁扶車而行。車後引重，各用壯夫四名，將引重轉棍極力持握，從容漸放，庶衆車就下之勢，不致滾溜而傾跌矣。俟繩已放完，將車墊穩。引重那近銃車，將繩滿纏軸上，照前從容漸放；遇轉灣之際，將車轉過，照法放行。

火攻要畧附餘

凡火攻之事，干係甚大，若少不如法，非止無益，且傷害甚慘。故凡所得方法，雖稱異傳，然亦不可輕用，以致誤事。必先度量理之是非，再加親身試驗如果真善，然後用之，庶幾可免疏虞矣。

凡大小火器，大約必宜本營如法自造爲妙，萬一不便，偶用官銃，或買新銃，或陳久舊銃，斷不可輕用，以防誤事。必先自驗體質堅瑕如何，制作短長厚薄如何，銃塘光直如何，火門高低如何，果係合式，即照前法，試放數回，庶可放心禦敵。若體有蜂窩、漏眼，及銹爛深窪，此銃終必炸裂，萬不可用。若銃形頭大尾薄而身短者，則發彈不遠，亦不能命中，且顛躍崩潰諸病，定不能免，亦不可用。若銃不光，則發彈不遠、不準，且亦易熱。必照前法，另行鏇過，或三次，或五次，定以圓淨光直爲止，則放時斯有實用。若火門太高，則銃必然倒坐，當以探杖先量塘內銃底若干深淺，再量外邊火門是否相合，倘高幾許，即將原眼用鐵條釘閉緊密，塘內眼縫用不木灰調泥研錄，另於緊挨銃底之際鑽火門，則可免倒坐之弊。若銃係生鐵，則難鑽孔，必量準火門，比銃底果高幾許，即以幾許厚銅片一塊，照底徑鏇圓，嵌入銃底之上，用鐵撞壓嚴密。旁邊微縫，亦以不木灰調泥研錄，俟乾可用。若小器火門用久，爲火力噴大，亦當以時常修理。

凡鉛鐵石彈亦宜本營照依銃口如法自造爲妙。若用官彈，則大小徑度，斷不能合式，且長偏歪斜，及鑄口縫稜，斷不可裝用。倘萬一無奈，偶用官彈，宜將大小各等，比照銃口，分配停當，只許畧小，一彈運入銃内，滾溜無礙，方爲圓厚合式。若太大、太小，及歪偏者，必宜改鑄。若鐵彈有稜，須將彈燒至紅熟，鉗置圓窩鐵砧之上，用錘趁熱打圓。如一火不匀，再燒再打，必以圓潤爲止。若鉛彈有棱，用刀削圓，仍以鐵滾槽滾過，亦以圓潤爲止。

凡火藥，亦宜本營自造爲妙。倘官藥，亦必察分兩是否合法，藥形成珠與否，燃手心或熱與否，方可試用。若藥料差，或不成珠，或烟起，或燃手尚熱，俱要另行配足，搗過如法方用。

火攻根本總説

古之論兵法者，咸稱火攻。論火攻者，咸慕西□□言固爲定論。然而西銃之傳入於中國，不止數十餘處。其得利者止見於京城之□□□鹿之阻截寧遠之力戰，與夫崇禎四年□中丞令西洋一二人□□皮島殄敵萬餘，是其猛烈無敵，著奇□之效者此也。及[②]遼陽、廣陵、濟南等處，俱有西銃，不能自守，反以資敵。登州西銃甚多，徒付之人，而反以之攻我。昨救松錦之師，西銃不下數十門，亦盡爲敵有矣，深可歎者！同一銃法，彼何以歷建奇勳？此何以屢見敗績？是豈銃法之不善乎，抑以用法之不善耳？總之，根本至要，蓋在智謀良將，平日博選壯士，久練精藝，膽壯心齊，審機應變，如法施用，則自能戰勝，守固而攻克矣。不則徒空有其器，空存其法，而付託不得其人，是猶以太阿利器而付嬰孩之手，未有不反以資敵而自取死耳。諺云："寳劍必付烈士，奇方必須良醫。"則[①]庶幾運用有法，斯可以得器之濟、得方之效矣！

【校記】

　①"則"字後宜加"以"字方達意。

　②"及"字原無，據卷首目録補。

③ 此脱一字,依句意似作“有”。

④ “熱”,依句意應作“熟”。

⑤ 括號中的文字,除一“又”字外,其他與前完全相同,應爲衍文。

增補則克録卷下

攻銃説畧

西洋攻銃極大,名虎吼、獅吼、飛彪諸種,用鐵彈重百斤至五六百斤者,蓋取彈重力大,用以攻擊堅城,無有不崩潰矣。但銃體重滯,少則數萬斤,多數十萬斤,斷非車軸馬牛及人力所能運重者。其法:即於敵城之外三五里之内,擇有山崗崖岸墩臺之處,或立築活機城臺,以避城中外擊之患。次於平城築起土臺,計算尺量。即就臺心於模底之上,預爲徑寸泥繩,以爲火門之模。造完,看實煉乾,旁置大爐數座,將鐵一齊化開,注入模内;俟稍冷,將鐵取出,火門通開,灰土掃净,不須鏇塘齊口,即時可用。其飛彪銃,亦有就地挖模鑄成者,但鑄造之際,定要算就銃規十一度之例,以定模體,則俟銃之鑄成,不必那動,即可裝用。蓋因銃重,實不能那動故也。如虎唬、獅吼,則於鑄成之時,即於鑄旁地上酌量銃規,比照攻城度數之例,應得寬窄高下如何,開挖停當,將銃放倒,即可裝用。蓋亦以銃體太重,不比他鎗可以置之車上,任意轉動故也。

鰲翻説畧

鰲翻之説,即"轟城"之別稱也。中國亦多有用之者,但西洋不過運用有法,更爲猛烈而已。其法:必先酌量城之遠近,池之深淺,挖通地道,正對地底中心,不得高下歪斜,以致差誤。其裝藥之處,必照城體,挖長裝滿,則所掀城口必闊。若堆積一處,則所掀城中亦窄矣。又,必於城底中心畧靠外邊裝藥,則城之磚石、泥土,必俱飛落城裏;若靠裏裝藥,則磚土必飛落城外,又恐反傷我軍。用藥定要多着萬餘斤或數萬斤,裝滿洞腸。預將大竹劈開去節,用拳粗藥信接長,油紙封固,安置竹内,插入藥洞,長通外口。藥洞之旁,用鉅石乾土築實。臨用,將走線照引入内,其藥力猛烈,掀揭鉅城如揭紙條。若用藥太少,則火力微弱,其城不過崩裂而已,斷不能掀數丈而立破大口,以便進我兵馬也。

以上二端,係西洋攻法之最猛烈、最機秘者。無論城之堅瑕與否,凡一經此法,則從來未有能自保存者矣!

模 窑 避 濕

凡銃模埋入窑内,四圍必用乾土築實。但遇春夏之際,雖二三日内,亦必有地氣上升,以致蒸濕模體,則銃不能鑄矣。其法:先於窑底之下,以硬磚捲起橋洞,橋上用石條、黄土鋪平,以安銃模。裏外各用竹筒,下頭插入洞内,上頭向外通氣,則可免蒸濕之患矣。

木 模 易 出

凡用乾木造模,若經濕泥塗上,其木模必將泡開而漲大矣,日後必然難出泥模。其法:於木模既成之時,先用熟礬水厚刷一次,蓋取礬性能隔水氣,濕泥不能泡之謂也。候乾,用砂皮磨光,將羅細炭灰以清水調成稀糊,刷在模上一分多厚,要勻。要先候乾,始上炭灰上泥,蓋取炭灰體質鬆浮,以便日後欲取木模,則不必費力,而一敲可去矣。

泥 模 須 乾

其鑄銃泥模,務於萬分乾透兼用炭火燒過,然後可用。若微有潮氣,則銅鐵入内, 必定噴出,而不全到矣;縱到,亦必有蜂窩漏眼,終爲棄物矣。

模 心 易 出

其模心上泥,待上九分徑許,用指大粗麻繩從頭密纏至尾,又用泥上勻,盪光候乾。再用羅細煤灰調濕上勻,候乾聽用。其用粗繩密纏之意,蓋取熟銅注入模内,繩體必化爲灰,銃冷之後,則模心寬蕩,可易出矣。若模心用泥,則熟銅注入，其泥亦燒熟成磚，且與銅體攪成一處，任用何法，亦不能取出矣。

兌 銅 分 兩

凡鑄銅銃，必先將銅煉過。每銅百斤，參兌上好碗錫八斤，則銅始剛柔得中而堅壯矣。若全不用錫，則銅體必過於脆；若兌錫太多，則銅體必過於柔矣。

爐 底 避 濕

火爐化銅，爐底之下最怕地氣上蒸，雖燒過極乾之爐，臨期未有不潮濕者。若不預爲防避，即銅雖化開，其貼底一層，必然凝滯，有誤鑄時之急用矣。其法：於爐之下，預將硬磚捲成十字空洞，與火池相通，四旁開竅，以通濕氣，則化銅之際，可免凝底之弊。

化 銅 防 滯

將□□□□□火□燒至通紅，然後下銅。其銅，即於大爐發之際，先另用小爐燒紅，然後送入大爐。以後添銅入爐，俱要燒紅，方可送入，庶免冷銅攪入，以致凝滯之弊。

設 棚 避 風

化銅之際，更怕起風，刮散火力，則銅必然難化。又銅化開，出離爐口，經過溜槽下模之際，亦怕起風，吹冷銅汁，半途凝凍，則銃亦難鑄成。其法：先於臺上四圍，搭起蓆棚三丈餘高，以避颶風；頂上免搭，以通火氣。俟銅化開將出口之際，先將大爐口邊與模口邊及溜槽內，用炭火着實燒紅，仍用蓆排棚數扇，將模口、爐口、溜槽等處蓋嚴，以避寒氣，則凝凍之弊，概可免矣。

爐 池 比 例

爐池大小之制，先用法算合銅體相當之數爲妙。若太小，則不能受銅；若太大,則枉費火力。其法:以周圍上下方徑一尺之地,可鎔銅三百三十三斤。執定此數爲準則,知用銅多寡應造池之大小,其法可例推矣。其深淺之制,不可太深,亦不可太淺。蓋太深,則凝底;太淺,則費火。其法:必以一六之數比例推算,庶爲合式。如池之深徑該用一尺,則寬徑橫直應得六尺是矣。

銃 身 比 例

凡鑄銃用銅,必先數定本數,於足之外,畧餘二分爲妙。若太多,則空費火力;太少,則鑄不滿矣。其法:以本銃所用合口鐵彈輕重之數爲準,合銃身一徑以十一倍算之,則知每徑應該用銅若干之數。如鐵彈重十斤,則銃一徑應得用銅一百一十斤;如彈重三十三斤,則銃身共該用銅三千六百三十斤。常用大銃,悉以此法比例推算,毫無差謬。若飛彪、狼機、象銃、噴銃,不在此例。倘算鐵銃,則以十倍算之足矣。

修 補 銃 底

凡螺螄銃底,倘日久有壞,不知筒内深淺長短如何,不便造補,必先將筒内用墨塗濕,以硬紙一片捲作小筒,入銃後門將紙撒開,用小圓研研之,即可印出筒内鍬形,然後照樣磋成補入,庶免差誤。

修 整 灣 銃

凡鳥鎗,用火或偶爲他物壓灣,則銃不可用矣。其法:先將銃身烘熱,用合口鐵條以絹包裹,放在筒内,安置厚板櫈上,用木椎顛直;再吊一線,看其灣直何如,再顛可也。

彈 藥 比 例

火銃既分戰攻與守,其銃塘自有淺深異制,遇禦敵亦有遠近殊用,故配藥更有多寡異宜。司火攻者,若不預定約畧,謹記熟練,倘臨期誤用,貽害不可言矣。

凡火器，量彈用藥。小者，彈作五分，藥作六分；中者，彈藥相均；大者，彈作六分，藥作五分。此尋常比例之畧數也。

凡公孫、蜂窩、練彈諸種，所帶銅條、鋼練、小彈及碎鐵、碎石、藥彈等物，俱作彈數分兩配藥。其大小相配比例之法，又以大彈每重一斤，小彈等物亦重一斤，此定則也，萬不可太多。若飛彪、象銃，則又以塘寬發近，大小彈物必欲裝滿銃口爲度，蓋取其擊寬而斃衆也。

凡攻銃體厚，更欲推空，彈藥俱可均用。鳥銃、鳥機、狼機之屬，又以筒長擊遠，配藥必用加二、加三，庶藥多力猛，而能遠到。飛彪、象銃、噴銃，所裝藥料彈物極多，且塘寬，遠近用藥，只須均分，彈作五分可也。尋常大銃，只是彈藥相均，不必加減。守銃務於擊寬，用彈必帶小彈諸物，且多朝下倒放，其彈藥亦必均分，庶幾有力。

彈 銃 相 宜

凡火器之道，不過遠近寬窄之妙用，其鉛鐵石彈等物，亦有堅脆聚散之殊能。故必隨宜酌施，庶戰守攻取，不致臨期之誤事矣。

凡鉛彈，宜於鳥鎗、鳥機及小彈之用，蓋取體重，透甲而傷命也。凡鐵彈，宜於大小狼機、戰銃、攻銃，蓋取其體硬，以便擊遠攻堅破銳之用。凡石彈，宜於短銃近發者，蓋取其體脆，見火碎裂散寬而斃衆也。

凡小彈諸物，宜於守銃、戰銃，獨不宜於攻銃。蓋戰與守，悉利寬而傷衆者，惟攻則止用獨彈，力能摧堅足矣。

彈 制 説 畧

西洋只以攻銃始用鐵鑄獨彈，蓋取以堅攻堅之意，若戰與守，則不過取傷人馬足矣。其彈，又不在於大而堅，而在於寬而廣也。蓋謂獨彈之用，如徑大一寸者，其力止能擊一寸之寬；如徑大五寸者，其力亦止能擊五寸之寬。若差半寸之外，則斷不中敵矣。西洋所謂大銃而小用者，深可惜也。是以大銃有分彈、練彈、闊彈、散彈之製；戰銃、守銃、狼機、烏機、烏鎗，有公孫之製；象銃、噴銃、飛彪，有蜂窩之製。此非故爲博巧炫奇，止係深心物理，變化多方，窄銃而得寬用，小銃而得廣用之利矣。跡淺意深，慎毋忽之。

製 彈 説 畧

銃彈雖稱首利之器，然亦有傷人不死之時。蓋謂彈物若果中人致命之處，則頃刻可斃，不待言矣；倘僅中腿膀厚肉，穿皮而過，則雖受傷，或亦未必死也。是以西法於公孫、蜂窩所用小彈及碎鐵、碎石、藥彈等件，必俱用碙砒諸藥如法製過，庶畧沾皮肉而人可立斃。西法所謂弱彈而强用者是也。

裝 彈 機 宜

凡大銃用蜂窩彈者，必將碎鐵、碎石，用朽絹或朽布各薄包一層，安置銃之中心，將小圓彈安放傍邊，庶發彈之際，不致傷銃。其封口大彈，照常更小一分，庶發彈之際，不致推塞，又免炸裂。其大彈，亦用朽絹或朽布包裹，以免滾動之弊。用公孫之法亦然。

裝 藥 比 例

凡裝藥比例之法，銃規已詳備矣。倘偶無銃規，不知彈重多少，應該用藥若干者，見本銃口徑爲準。如用鉛彈，則裝藥五徑爲度；用鐵彈，則裝藥四徑爲度；石彈，則裝藥三徑爲度。蓋謂鉛、鐵與石，輕重不同故也。其彈亦以合口爲準，若彈大小則不符矣。此係約畧秘規，其法止與常數相合，依法用之，可免臨時錯誤也。若用公孫、蜂窩，又必計量小彈及雜物分兩，如法加配可也。

藥 信 説 畧

凡藥信之製，最似粗跡無甚微奥者，但每以忽畧，或多微細鬆軟，及兩頭撒藥，以到點放之際，爲害甚大。其説爲何？蓋以細微則燃火不快，鬆軟則難入火門,兩頭撒藥則下頭急點不着,下頭不能引火入塘。是以造信之時,必欲粗壯撚緊,用麪糊抹過、晒乾,各隨長短剪斷,兩頭用磺蘸過,則藥撒而信體粗壯堅硬,可以直入火門,且藥多有磺,易點速燃,而又深達銃腹也。

遠 近 之 節

中國徒有火攻而不能取勝於敵者,雖云製造之不精,抑亦用法之未善也。如遇敵兵,或纔見塵起,即將火器極力擊放,及至將近,而反致缺誤,是不知遠近之節,空費急用於無用也。今則不許輕發。如大器,平度能到三四百步者,則必待敵至五六十步而後發;如小器,平度能到百餘步者,則必待敵至二三十步而後發。此謂長器短用之法,其命中可必,而勝敵亦多也。

衆 寡 之 用

或前哨零賊始來窺探,即將全營火器盡放,是不明衆寡之用,費多而獲少也。今則不許浪用。如零賊窺探,不必盡發諸器,亦不必坐視不應。預派每隊,另設小器一種,專爲擊零之用。聽號如法施放,則所費彈藥不多,而零賊亦不能脫漏矣。

寬 窄 之 宜

或敵兵四圍蜂擁衝來,而我猶以尋常彈銃擊之,致彈少賊多,不能盡殄,是不識寬窄之宜、利器而鈍用也。今則不拘常法。如敵兵四面圍繞,必另以公孫、蜂窩諸術,近發寬散,如風捲潮奔,雖敵兵愈衆,必愈斃於羅網矣。

循 環 之 法 ①

救 衛 之 備

俗謂兵家諸器,無如火器爲勝。然而臨敵久戰,或銃熱難裝,或彈藥偶缺,或風雨不時,即火器亦有不可以專恃者。又謂火器之用,唯能以遠擊爲勝。然而敵兵未有先遠而後不漸近者，是以必宜周慮始末，預計萬全，長技與短技間迭而出，兵器與火氣互相爲助，擊法與衛法兼資以用，且更以堅車密陣、剛柔牌盾、連環部伍、長短兵器、遠近相救、彼此相衛。此時雖不用火攻，而虜之快馬、利矢，亦無所以逞其能矣，而況火攻更自有妙用不絕者乎！必如是轉變不窮，元固無缺，則庶幾戰勝守固而敵莫犯矣。

斬將説畧

西洋臨敵交戰，必先以法取其主將。其法：首欲伺明敵將之踪，蓋將踪外狀，必有潛藏，而招標暗號，不無稍異。我既以稍異而知是將，則將平日所派每隊，另備最準狼機一位，彈用公孫之法，更擇精技數人司之，每面約備數十處不等，臨敵不許隨諸器同放，專備斬將之用。俟敵將近，號令諸銃悉向來將如雨注蝗集拱聚而擊，勢若萬虎攢羊，從來未有能脱者也。

擊零説畧

凡敵兵恃强，故使零賊前來窺犯。我則嚴戒士卒，不許輒動，全營諸器，肅靜以待。預令原備斬將器技，兼備擊零之用。俟其將近，酌量銃力可及，號令該司隨便擊打，則零賊將來，斷然不敢輕犯，而我之全營火力，亦不致於空費矣。

掃衆説畧

凡敵兵令嚴，如蜂擁蝗聚，挤死前進，則斷非尋常器技所能殄滅也。必更用寬塘象銃、噴銃，彈用公孫、蜂窩之法，俟其到近，號令諸銃寬散迭擊，則銃内所發小彈及碎鐵、碎石、藥彈諸物，如浪滾潮湧，萬火齊發，敵兵雖衆，安得不悉死於火陣乎？

驚遠説畧

凡敵兵遠來，我欲令彼驚潰，則先以遠鏡看明敵營所在，次則測量地步遠近如何,再以銃規算合所到度數,出其不意,以飛龍大銃,照準營頭,連發數彈,如雷從天降,即雖強敵,亦未有不驚散而奔潰也。

驚近説畧

凡敵兵到近,圍營死進,我則照常隨機迭擊,俟發彈數次,銳氣少挫之際,潛令合營各用大小響彈,兼以響頭火箭,出其不意,忽然向敵齊發,聲若萬龍齊吼,令敵莫測其故,有如天降神異。敵雖萬分精強,偶而聞此,亦未有不魂飛而膽裂也!

以上五端,俱止就火攻而言。其餘機秘,另詳將畧各卷之内。

攻城説畧

凡攻堅城,先必遠駐五六十里之外,俟夜半之際,多方虛擊,令其倉惶,徐察稍瑕之處,暗用筐土活城之法,架護大小攻銃。先以中彈推到城垜,使守卒不能存站;次以鑿彈破其城磚;末以虎吼、獅吼大圓彈攻其墻心,如扇軸排拱攢集而擊,城雖堅固,未有不立破也。又有以飛彪鉅銃,滿裝大小彈物,從外飛擊,城中房舍,無不摧裂。更有鰲翻挖洞,穿入城底,實藥千萬餘斤,掀揭鉅城,如紙飛空。此皆西洋攻城最猛之技,全恃火器之功力也。

守城説畧

西洋城守所用火攻,無甚奇異,但凡城之突處,必造銃臺。其制:揑腰三角尖形,比城高六尺,安大銃三門或五門,以便循環迭擊,外設象銃,以備近發,設鍊彈,以禦雲梯合上。另築眺臺二層,高三丈,上設視遠鏡,以備瞭望,且各臺遠近左右,彼此相救。不惟可顧城腳,抑可顧臺腳。是以臺可保銃,銃可保城,兵少守固,力省而功鉅也。

水戰説畧

西洋水戰,所用火攻,雖以大銃爲本,亦更以堅厚大船爲基。海上戰船,大者長六十丈,闊二十丈;中者長四十丈,闊十二丈;小者長二十丈,闊六丈。底用堅大整木合造,底内四圍用鉛繞厚尺餘。船體分隔上下三層,前後左右,安設大銃數十餘門。其彈重五斤起以至數十斤。其戰法專以擊船爲主,不必擊人。先以一人坐於桅斗之上,用遠鏡窺望。俟敵船將近數里之内,用銃對準擊放。不必數彈,敵船立成齏粉,敵兵盡爲魚蝦。且更有鍊彈橫截船桅,如利刀斬草;有噴銃藥彈燒毀船篷,如燒紙片。自古水戰之法,技擊之强,猛烈無敵,亦稱西洋爲綦極矣。

以上三端,亦就止火攻而言。其餘機秘,另詳將畧各卷之内。

火 攻 紀 餘

凡城中擊外,當攻其堅,又宜寬散。蓋謂堅處必彼之技擊所在,寬散則傷彼者衆矣。城外擊内,當攻其瑕,又宜攢聚。蓋謂瑕處則易攻,攢聚則易破矣。

火 攻 問 難

或問兵法必以火攻致勝,其説是矣。倘敵人亦有,則如之何?答曰:若兩火相敵,惟用長器而遠擊者勝;若兩長相敵,唯裝放有法而疾速者勝;若兩法相敵,惟膽壯心齊而用命者勝。

火 攻 索 要

夫火攻何以重西洋乎?爲其能遠、能準又能速也。是以人莫能敵,最可貴者此也。故凡習此技者,必究心於所以然制造之法,與所以然運用之方,得其要領肯綮,則凡銃皆可化西銃矣。否則,徒恃無敵之虛名,而不獲致勝之實效,雖有西銃何補哉?

火 攻 慎 傳

兵法,所以禦亂也。若匪人得之,則反足以生亂。况火攻,又係兵法中之最猛者乎！西師之所以不肯輕傳者，爲此故也。且又嘗有言：凡軍國秘機，雖云不可秘傳，然更不可妄傳，諳玆技者謹戒。

火 攻 需 備

火攻雖稱兵法之首務，然亦不過兵法中之一着耳。若以總端言之，則部伍營陣之制，刑名分數之法，勸諭鼓舞之方，臨敵戰鬥之秘，數者之於兵法，孰非緊要之機宜乎！是故以火攻論火攻，則凡事務於精詳，必自能得制敵之勝算，似未必獲全局之成功。然則習火攻者，更當於火攻之外，兼求完備之道斯可矣。

火 攻 需 資

西洋火攻，最精爲其器精而兵更精故也。殊未知精器必須厚價，精兵必須厚餉。孔子言足兵必先足食，言教之必先富之，其意固已深矣。然則論火攻者，又不得不先爲理財計。

火 攻 推 本

火攻之士卒，固貴膽壯心齊而用命矣。然膽不易壯，心不易齊，命亦不易用也。必須賢能良將有完固必勝之畧，能使士卒内有所恃，外無所懼，則膽不期壯而自壯矣；有感召節制之方，常與士卒恩威並用，賞罰分明，則心不期齊而自齊矣；是則恩信結之於裏，功利誘之於前，嚴刑迫之於後，則命不期用而自無不用矣。有此良將，又何患火攻之不精、功績之不成哉？

歸 源 總 説

嗟嗟！代不乏人，堂堂中國，豈乏良將？是何國初，高皇帝崛起草莽，偏多如許賢能，而能逐元氏於全盛？今金甌鞏固，將士雲屯，而反屢挫於小醜，其故何也？蓋以良將之出没，關世運之盛衰。豈今人民過惡深重，獲罪於天，故令我列闈昏懦，縱玆闖賊狂逆，以爲假手罰罪意乎？安得懇求上帝，回怒發慈，大赦衆罪，速降良將，盡殄妖氛，永建太平？予日望之！

【校記】

① "循環之法"，未見之於正文，僅卷首存目而已。

增補讀則克録記畧

此書一部三卷,明崇禎十六年癸未,西洋湯若望字道未口授寧國焦勗,勗參所見聞,合而纂之。道光辛丑,英夷不恭。辰著《演礮圖説》一册,於癸卯重爲釐正,號曰《演礮圖説輯要》,計四卷。山東日照人、户部主政、家心齋先生守存,爲辰作後序,有言湯道未《則克録》一書,始知有此。詢之心齋先生,云向來藏書家一二有之,俱是鈔本,得者每什襲之。辛丑海氛之時,揚州知府汪公刊刻,始有印本耳。辰於丁未托人往蘇州購求,細詳讎校,其中專言火器礮法,最爲詳備。其言演用製鑄,以及製造藥彈、舉重引重、攻戰守城諸法,無不詳述。與辰《演礮圖説輯要》所載,上下二百餘年,語多暗合,惟未言中線差高加表準則,又所論彈發遠近,殊爲迥異。《則克録》云:彈發平放,可四百弓步,計二百丈;銃規高一度,即象限儀高七度半,可遠八百弓步,計四百丈。辰謂:象限儀平放,數十丈,高一度四分,可遠一百二十丈;使高七度半,致遠是二百餘丈,斷不能多。現西洋各國戰船當面試放,平放畧高約一度四分,亦只百餘丈而已,再遠則無準。即與佛蘭西國、花旗國、大吕宋國各將弁以及澳夷識礮法者講求,亦果是百餘丈力量而已,斷不能如《則克録》所云之遠。然中國人傳言,大礮利害,遠可二三十里;西人亦有此言,不特舉之於其口,而又筆之於其書,乃無親歷演試,以訛傳訛之書。人常與辰争辯遠近之説,再四質問西人之司礮者,皆云百餘丈合用而已。曾令渠下藥彈面試,果是此力量。視英夷廹礮臺對礮之際,相距丈尺可證耳。不知湯氏之錯,或焦氏誤採他書之説乎?明理者鑒之,司礮者試之,可盡知也。又有言試靶,近者只可一百弓步,計五十丈;遠者二百弓步,計一百丈;再遠則渺朦細微,審視不真。此則與辰所言吻合,分毫不差。二語皆出湯氏之書,而遠近殊相歧異,即此一節,已可概見。又云用彈及配火藥,對半均配;與辰云西洋用彈三斤,配藥一斤不同。倘謂古時之藥粗陋,以口徑配彈,如礟大者用彈三十斤,配藥三十斤論之,則礟腹食藥三十斤之多,豈不裝滿礟腹?再加一彈,而彈已在近口,安能致遠乎?此斷斷無是理也!不知當日果湯氏之言,抑焦氏見聞不確歟?至云鑄戰銃以空徑計長短,如空一徑作四寸者,耳與尾珠各一徑即四寸,身長二十徑,則長八尺;此法惟以戰銃而論,與拙作中佛蘭西無表長礟所註尺寸配法相同,却爲良法。至若守銃口徑六寸者,必不能照戰銃配耳及珠也,必當別樣配法。細視所繪各樣銃圖,多繪失真,不甚明顯。即就各説尺寸另行繪出視之,惟戰銃一圖畧與今之西式近似,然亦過長且薄。此外各圖,或前重後輕,或頭大於尾,無一圖可以倣傚。而起重、引重、滑車、絞架諸圖,與拙作中相同;惟年久抄傳,漸次失真,暗晦不明,閱者無從曉悟。兹將其所載,逐題詳核,批註於後。

火攻挈要卷上

一、《概論火攻總原》題内，所敘極合。末段四行云"必更翻然易慮"，用心講求，"革故鼎新"，"以求萬全"，所言與辰《演礟差高圖説》首題，若合一契也。

一、《詳察利弊諸原以爲改圖》題内，云當時"鑄造無法"，火藥不美，不諳演放，不曉配彈，不審遠近，"先期妄發"等語，此則今昔皆然。

一、《審量敵情斟酌製器》題内，首先六七行所論，猶今之敵人礟火勝我多矣，非講求精熟，加造夾板戰艦，難與抵敵，與辰《變通籌備久遠》末題之言相同。又云"爲今火器，無如倣照西洋"，廣鑄大礟，與辰言"須倣照佛蘭西長礟之式鑄造"，語語相合。又有云"直擊數十里，橫擊數千丈之闊①"，此言大謬也。仰放直擊，只二三里，橫擊亦然耳。又云飛彪之利害，此却無奇。今視英夷所用天礟，或謂西瓜礟，即飛彪也。自上墜下，在地瞬息一響炸開，其鐵皮所噴，僅只破屋，不甚利害。向聞彈落之處，滾成潭窟，今始知不足畏之物，夷人亦罕用之。辰《西洋各式火彈圖説》題内，已詳陳矣。

一、十種彈子各圖説，與辰各式礟彈圖九種相似。内圓彈、響彈，亦時常所用之物。又云口徑配彈小二十一分之一，如口徑二寸一分，彈徑二寸是也。現在西洋口徑如四寸二分，彈徑四寸一分，則爲小四十二分之一。拙作口徑四寸二分，彈徑三寸八分，則爲小十分之一。鍊彈、分彈、闊彈、散彈，與辰並蒂彈相似，擊夷船甚妙，因其繩索甚密，遭之必斷。鑽彈、鑿彈，如用之必不甚利便，一者不能致遠，二者亦不能傷城垣，不如獨彈較妙耳。公孫彈、蜂窩彈，此二者與辰羣彈、菠蘿彈相似也。

一、《築鑄銃臺窰》一題②，與辰《鑄造礟位圖説》題内相近。

一、《鑄造戰攻守各銃尺量比例諸法》題内：○戰銃，空一徑，即徑三寸，長三十三徑,耳及珠各得一徑,與今夷人配法相符,惟厚不及,恐致炸裂耳。○飛龍銃,即子母銃,空徑三寸,身長至二丈七尺五寸。如此之重大,與今大殊。今之子母銃,空徑一寸許,長七八尺,重百斤爲多,安有此長大乎?抑古法有之,無定耶。○象銃之圖,甚爲舛錯。以口徑五寸,長八徑,計四尺;裝藥處厚二寸五分,則尾徑一尺,口徑五寸,加厚一寸二分五釐,得頭徑七寸五分。頭似過薄,一放必炸無疑也。且耳前五徑四,耳六分徑,耳後二徑,則前重後輕,更難演放,理甚易明。○噴銃。口下徑一尺,火門前空徑五寸,身長從火門至銃口四徑得四尺,塘内從底至口下直往上,不分寬狹兩截,火門前牆厚二寸五分,則尾徑一尺,銃口牆厚一寸二分五釐,則尾徑一尺二寸五分,尾珠、銃耳長大各三寸。似此則頭反大於尾,顛倒之至。○虎吼及攻銃、守銃三者,尺寸不詳明。今吕宋礮有一式,與此相似。○飛彪銃。口下空徑二尺,火門前至口四徑、得長八尺,裝藥處二徑、得四尺,藥前寬處二徑、得四尺,口下厚一尺,得頭徑四尺,藥處厚一尺五寸,則尾徑四尺。頭與尾一樣大。尾珠及耳,長大各半徑,計一尺。火門至耳際徑半、得三尺,耳半徑、得一尺,耳前至口三徑、得六尺,則共長一丈,不止八尺,殊不相符。不若做辰佛蘭西無表長礮式鑄造,久久不易也。

一、《造作銃模諸法》題内,用乾木鏃成一銃樣,尾大頭小身直順,再加木線、木耳、木珠、木花,附在銃身,用泥封之。候乾,拔出大木銃,存木線、木珠、木花等物,用火燒化諸木,掃淨灰末,傾鑄入内,冷時取出,故西洋之礮無成節痕跡。此法甚妙,較今内地繪礮木板之上,去其餘木,鋸爲數段,中安軸心,規成泥模數段,合而爲一,安定模心,從口灌鑄,鑄成,節節有痕跡,不如此中木模之爲愈也。至安木模心,則與内地相似耳。○起重、運重、引重諸圖,與辰滑車、絞架、絞盤相同;惟諸圖説暗晦不明,運重之器圖式不甚分明,却未能解,諒與辰撬柄相似。拙作滑車絞架,有軸半徑算法,《則克録》無之。

一、《論料配料煉料説畧》題内,云銅須和錫,與拙作云銅當和鉛相似。今人俱云鑄礮之生鐵,須和紋銀,遍訪夷人及繙譯西書,皆無此説。

一、《造爐化銅鑄礮圖説》[3]内,云銅鐵鎔好之後要傾入模,須開溜槽,上遮蓋稠密,不見涼風;衆溜槽須合爲一槽,使鐵水流入模内,一氣凝結成銃,庶無炸患。此比今法,更爲奥妙。

一、《起心看塘齊口鏃塘鑽火門諸法》題内,所云與今相同。○看塘用鐵燒紅入内照看有無弊病,不及今用鏡對日反照之爲愈。○鏃塘之法,與今不異。○鑽火門須齊塘底,不可進前一分,以致退縮後坐,與辰《鑄造礮位圖說》題内所言密合。

一、《製造銃車尺量比例諸法》題内,所論銃車之製,則與辰陸路大輪礮車相同,而辰有軸輪半徑算法,較爲明晰。

一、《裝放大銃應用諸器圖說》題内之銃規,《兵錄》謂之“銅規”,辰謂之“象限儀”。據《則克錄》云:此器勾一寸五分,倍之則圓中徑三寸,外邊弧周九寸四分有奇。分爲四限之一,則一限弧二寸三分有奇;再分爲十二度,則一度約尺之一分九釐。其器過小,而度過狹,難以取準。辰象限儀,一限分爲九十度,且儀器大於銃規數倍,銃規一度爲象限儀七度五分。若演放之時差半度,則爲象限儀三度七分五釐,彈發差之百餘丈,安能取準乎?辰象限儀分爲九十度,甚利於用。又欲量銃口配鐵彈、鉛彈、石彈徑若干,計算各彈重幾何,繪鐵、鉛、石三等分寸於銃規之柄,似不便於用。拙作算彈重數,内用營造尺量彈徑。如四寸者,作長、闊、高各四寸,自乘得十六寸,再乘得六十四寸;圓折方以五二三六折,得實積三十三寸五分;以每寸方生鐵重五兩八錢一分計之,得重十二斤。餘可類推,此較便捷耳。

一、《收蓋大銃鎖箍圖》題内,云引門上加銅蓋④,並可封鎖;此不及辰繪夷人用鉛蓋、銅蓋之爲愈,則不用加鎖,更爲便捷也。

一、《製造各種奇彈圖說》論口徑二十一分,彈徑二十分,謂彈小於口二十一分之一,則彈比口九五折也。西人現用九七五折,辰《中西礮論》及《鑄造礮位圖》内,以内地之彈不圓正、口不直順,權變作九折,均各合式。今軍中配彈無法,配不上八折,安能適用?又,論鑄彈用泥模合而爲一,然後灌鑄,如此腰必起凸線,不如辰用蠟模爲愈。○聽候窺遠神鏡察其遠近,然後放銃,此言未有實事。窺遠鏡只能視遠若近,難測道里丈尺。夷人放銃,不重遠鏡,全憑審視,臨敵先放一礮探視,不及加高,太過放低。銃上有高低短尺作後表,以窺前表。辰《佛蘭西前後表圖説》題内,已有繪明矣。

　　一、《製造狼機鳥銃説畧》題内,謂佛狼機係西洋國名,與辰首篇云"巴社人謂銃爲佛即機,以其國號名之",二語相同。

　　一、《製造火箭噴筒火罐地雷説畧》題内,詳論火箭一事,其火箭,夷人用之不效,此無用之物。○噴筒,必加意講求。能似安南火噴筒之製,遠可三四十丈。連發火毬數個,着物糜爛,膠附焚燒不脱。水戰燒帆,甚利於用。至云"萬人敵火罐"及"地雷",二者極爲奥妙,軍營宜用之。

【校記】

　　① 所引此語與原文對照,上句末尾"里"之後脱"之遠"二字,下句"數千丈"應爲"千數丈"。

　　② "築"字後脱一"砌"字。

　　③ 此題"鑄"字之前脱一"鎔"字,而之後衍一"礮"字。

　　④ "銅蓋",依《則克録》該題所述,蓋乃"煉鐵爲之",則應爲"鐵蓋"。況下文之"鉛蓋、銅蓋"并列,此不應爲"銅蓋"明矣。

火攻挈要卷中

一、《提硝磺用炭諸法》①題内,大銃藥方製火藥一百斤,内用硝六十九斤半,磺十三斤,炭十七斤半。辰《西洋製礦用法》題内云：今西洋用硝七十五斤,磺十斤,炭十五斤,加好泉水及火酒,舂練足透,置掌中燃之無礙爲度,便美矣。

一、《收盛火藥庫藏圖説》題内,此安置極密,可爲後人觀法。又,硝磺炭各另製好存盛,臨用方調和合搗,此法甚妙。二者拙作未言及。

一、《裝放各銃竪平仰倒法式》,謂飛彪銃十二度,攻城可用；但銃規十二度,即象限儀九十度,向天頂放上,彈必墜下頭上自傷,是斷斷不可用,此甚易明耳。

一、《試放各銃高低遠近註記準則》②題内,論立靶分別遠近演驗,與辰《立靶遠近規模》題内,極爲密合。惟銃規分十二度,過於疏闊,必分九十度方能合用。又,彈已落地,仍復激起數里,乃餘氣所飄,非正力所推。此爲强弩之末,雖中亦無力,必以着靶者爲準。此與辰吻合。今人見彈下水仍復跳去,以及下地復輾轉飛騰三四百丈者,以爲可能如此致遠,不亦謬乎！

一、《各銃發彈高低遠近步數約畧》題内,論彈三四斤者,銃規平放可四百弓步、計二百丈；高六度,可至一千零七十丈。彈六七斤者,平放可七百弓步、計三百五十丈。彈二十斤者,平放七八③里、計一千四百丈云云,斷無此理。此題種種錯誤。

一、《教習裝放次第及涼銃諸法》題内,論教習礮手,與辰述《西洋養兵習武》題内相同,涼銃之法亦畧同。又,凡初學放火器,未可驟用足藥,徐徐加之,方不驚裂。此甚高見。又,裝藥彈必親操,如別人裝便,必當探看合式與否,方不誤事。又云每放一出火藥,必裝做一袋,徑與藥膛徑小一分,與辰西洋製礦用法題內吻合。又云打靶須瞄照星對靶云云，當時焦氏必參用内地照星之法，未見加表之妙處。又云立靶"高六尺，闊一尺五寸"，當以鳥銃論之，如放大銃，則靶過小，安能中肯？又云大礮打靶，自一百弓步計五十丈，至二百弓步一百丈止，過遠則眼力有限，不便看利弊。似此，則平放不上百丈，與前言歧異。辰《立靶分別遠近》題内云：試放大礮，先於六十丈立近靶試之，驗其彈子高低；次於一百丈及一百二十丈、一百三十丈各立遠靶試驗，恰與相符。

一、運銃上下臺諸法，論用礮車，與辰所繪陸路大輪礮車相同。

一、《火攻要畧附餘》題内，所論火攻干係甚大，具見卓識。

【校記】

① 此題在"硝"和"磺"之間脱一"提"字。

② 此題在"準則"之後脱一"法"字。

③ "八"，原題文中作"百"。

火攻挈要卷下

一、《鱉翻説畧》及《攻城説畧》二題云,攻城埋火藥轟陷城基,現西洋攻城,俱用此法。

一、《木模易出》題内,勝内地全用泥模之法。

一、《兑銅分兩》題内云,銅礮須和錫,與辰謂和鉛相似。

一、《銃身比例》題内,論鑄礮配尺寸以口徑配身長及耳與珠,與辰相似。惟彼所配各式,質薄不堅固,不堪演放,難以傚法。

一、《彈藥比例》題内云:大銃藥彈對配相均,如配彈三十斤,用藥三十斤之多。似此,斷然炸裂,不堪用,問司礮者可知也。

一、《遠近之節》題内云:大礮平放,可三四百弓步、計二百丈者,必待敵人至距五六十弓步遠而後發,命中可必。此比辰所言反近,較彼所云平放二百丈,言不相副。

一、《守城説畧》論礮臺形勢,與辰《佛蘭西礮臺圖説》題内相近。

一、《水戰説畧》題内所云,與辰西洋戰船相同,惟云船底四圍用鉛繞之,厚尺餘,無此事理也。

一、火攻紀餘、問難二題,所論甚是。

一、《火攻索要》云如"得其要領肯綮","凡銃皆可化西銃",與辰云"知礮法者,中西礮皆可用之"之言相合。

一、火攻慎傳、需備、需資三題,所言盡合。

一、《火攻推本》題内所言,與辰《礮法問疑》題内盡合。

一、《歸源總説》題内,所論武備廢弛,不知整頓耳。

右逐題註明,以便比較。《則克録》一書,已二百餘年,雖多奧妙,古今不同，間有得失；不以瑕掩瑜，遂棄全部。是以逐題批註大略，俾人古今合參，就中擇用，不致誤事。苟不爲之註明，執此用之，必有誤者；因西洋礟法、戰法，三五年一增修，十年一更訂，況於二百餘年之久，安能盡合，不可泥古也！

　　道光二十七年丁未冬十一月，晉江丁拱辰星南謹識。

附録　演礮摘要

此係就拙作《演礮圖説輯要》合《後編》二部，摘出要法，附在此中，以便於用。凡量礮量遠，俱用此工部尺。

審視遠近用礮要法_{不時令人自近至遠站立，彼此觀望，可知遠近}①。

相距二十五丈，畧見眉目口鼻。

相距五十丈，不見眉目，視面赤色。

相距七十五丈，面赤轉青白，人身畧朦。

相距九十丈，面色淡白而小。

相距一百丈，面色微白，見盈寸而已。

相距一百二十丈，面色只見一點，似有似無。

相距一百三十丈，面黑身朦。

出此以外，身愈朦朧，在水上擊敵船，在陸路打靶，亦恰不能中矣，只可遠擊試彈遠近，或嚇敵人。若賊船連幫多擁駛來，或攻賊人城池，破敵人營寨，賊衆蟻聚，仰放擊遠，亦可中之，惟勿多放，留爲後用。但演礮加表準之用，本是成法，西洋兵船上加表準可據。前補一尖峯寸許以取平，謂之加表準。内地之人，不知高低度數，用之，必驚奇不信可知。今不用加表準，就所用之礮，立靶高二丈，闊一丈，距礮六十丈，先試熟嫻；次距一百丈試之，再距一百二十丈及一百三十丈二處試之，視彈高低，謹記之。此外難中矣。先在平地演試熟手，次在水上分泊遠近靶習放。如擊賊船，自能見面色一點，一百二十丈以内，至見眉目，而彈皆差高一丈左右。放時，當眇視船底以下，擊之方中船面；如至見賊船上之人，不能見面色，而面色初初轉黑者，方可眇正；如面黑兼朦，須眇稍高；再遠，再行加高，此漸不能準矣。凡礮不宜眇高，彈必太過，不能中肯；切宜眇低，彈雖不及，尚能穿水面三四百丈，猶望撞中也。其用藥彈之法，視礮口徑若干，而彈可小於口十分之一。秤彈重若干，如重二斤，配藥一斤，此爲一藥送二彈。自一百斤至一萬斤礮，皆如此配之。其準頭力量，前編自一千斤至八千斤相同。今在廣西自鑄新式加表小礮，照算法配合周徑長短，自一百斤至五百斤準頭力量較驗，與前一千斤至八千斤相同。曾經刊板刷印用礮捷訣，分發軍營。茲將前後編合撮數條，刊附《則克錄》篇之後，以便於用。若非親自配合之小礮，不能如此致遠有準也。

演礮四言古詩

稱藥量彈，試準響亮。鎮靜從軍，擊敵膽壯。探洗下藥，用力舂當。彈麻鑽烘，左右俯仰。審視遠近，測準點放。或過不及，高低酌量。加減分釐，將礮升降。以制敵人，定獲勝仗。

右詩念熟。各礮具齊備，先做藥袋，配合藥膛；次稱火藥，每出一袋，寫明袋皮。大者用布袋，小者用棉紗紙裱褙成袋。又量礮口配彈九折算。如口徑二寸，配彈徑一寸八分。餘俱倣此。藥彈既備，擇地試準，較爲利用。倘倉卒無地方可試，不用入彈，只用入藥演放，大約聽礮聲響亮爲度。臨陣擊敵，須心靜膽壯。如未曾親放之礮，先用礮棍，探驗藥膛有無陳藥；次用礮刷，浸水洗一次；用手指對引門空掩密，然後入藥。如大礮，二人合力舂實，小者只用一人足矣。舂畢，掀開引門，防餘火未熄；再入鐵彈，下麻彈，使不輥出。將引門針鑽破藥袋，下烘藥。移左右正視，俯仰對遠近合。如是磨盤礮架測準之後，用小墊對上架尾後橫木下塞緊，使不搖動，然後演放。如彈去太過，將礮頭降低；不及，升高。升降只可分釐，不宜過多。發必中肯。以此擊敵，定獲勝仗也。

用礮總論

凡演礮擊敵之法，如陸戰者，安營之後，可照此中審視遠近之法，逐段彼此相視。鑑貌辨色,細心記憶,便知遠近幾何。擊敵之時,司礮三人,佩短刀護身,各司其事。管洗春者,汲水一桶,立於礮右,先將礮具探視礮腹,無陳藥,方將礮刷入水桶浸水,入礮腹旋轉洗一次。管藥箱者,將自帶水桶交抬夫再汲一桶,以候添用,自立於左,取火藥一袋,送入礮腹。洗春者將礮棍用力連春十下,使之結實。又送彈入口,洗春者用棍輕輕送入,微春一下,使之貼藥爲度,不宜急進,恐防塞滯,彈易轟出。又送麻彈入口,用棍送入,輕鋪周至,使不輾轉走出。管藥箱者,退在礮後左邊顧藥箱。看準頭者,在礮尾右邊,取引門針由引門插入,鑽破藥袋,即下烘藥。而烘藥,宜鬆而易發;實則吐火久停。細視敵人相去若干丈數,如相去一百廿丈,測低一丈;如相去一百三十丈之處,可測視測視即眇看。正對敵人。如彈發太高,則將墊塞入;低則抽出,至中肯爲率。再遠則漸加高。凡眇正之後,用小墊由後面對上架下下架上橫木下塞緊,使前後左右不能搖動。即取火繩竿點放,發必中肯。演放之後,看準頭者,用引門針對引門鑽通,以口吹之;管洗春者,將礮刷浸水洗一次,使餘火熄滅;看準頭者,將引門用手指壓住,使不通風;入火藥者,身須偏旁,不宜與礮口正對,將火藥復入礮口;洗春者,身亦宜偏。入藥春實之後,加礮彈、麻彈,如前法演放。如連演三礮,礮身已熱,宜洗二次,停片刻,方可演放。倘緊急要用礮,將火藥酌量減用些少,方無炸患。如一陣列礮十位,不可齊發,宜陸續演放,至五位止。將已放之礮,先後推退,入藥彈;將後礮五位推進,先後發之。連環攻擊,方能接續不斷。如敵人廹近六七十丈,不用獨彈,可用盒彈。眇視敵人頭上約二人之高;如敵在一百丈至八九十丈之處,須眇加三人之高。礮子一發到半途散開,自三十丈至八九十丈,一路羣子飛去,中敵必多。即至一百丈,亦尚可中。因每盒有裝一二兩許羣子二個,參裝每個一二錢小子,故自遠至近,一路皆是。凡敵人正對礮口,遠近皆可中傷,比之任意散入,不計分兩,較爲奧妙。抬夫須擇勇往有膽量者,工價加厚,切與布帳以蔽風雨,方能有勇。當演放之時,分立礮後左右,聽看準頭者呼召照應,不許違命退避。若打勝仗,酌量犒賞;其有能幫演得力者,量予鼓勵。至於陣前,每礮兵勇四名,籐牌當先,長槍輔之,左右分立。入藥之時,牌門閉掩護衛之。司礮者裝好藥彈,將礮五位推出,連環輪放。如與敵人相去稍遠,只可放一二出,探試遠近,慎勿多放。宜以礮作中軍,其籐牌、鳥槍、長短兵器,分列左右隊,成犄角之勢,以衛礮位,庶爲萬全。

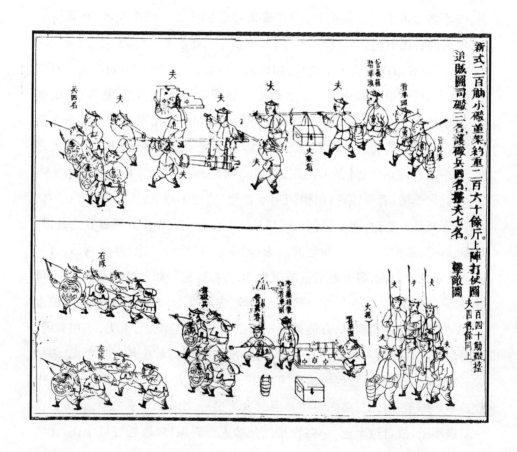

軍營分發各路礮位目録①

一新式礮位一尊，重二百斤，口徑一寸七分六釐，連架一個，重共二百六十餘斤。用彈以口徑一寸七分六釐九折算，得彈徑一寸五分八釐。

又礮具一枝，一頭礮刷，用以洗礮；一頭礮棍，用以舂藥。又一枝，一頭螺旋，取出火藥；一頭礮劑，取出礮彈之用。如大礮，當加礮撬一枝。

又有蓋水桶二隻，不時盛水，使不洩漏，預備盛水洗礮，以防餘火未滅。

又二百斤礮所用之箱一隻，內各物並箱重一百二十餘斤。另鎖匙一枝，司礮者務當親身收管。此箱內裝：

上火藥一袋，重三十餘斤。如次藥，酌量加添。每放一出，用藥六兩六錢，送彈十三兩三錢，謂一藥送二彈。餘可倣此。如藥稍次十分之二，則當加十分之二，愼勿任意多用。茲附所較準頭上藥樣一罐，可用鳥鎗較試力量如何。如別樣火藥，其力不及上藥十分之二，則可照加。此以小比大之妙法也。

礮彈五十六個，每徑一寸五分八釐，重十三兩三錢，擊遠用之。

礮子盒彈二十四個，每徑一寸五分八釐，長一寸九分，連馬口鐵重亦十三兩三錢。迫近用此，傷敵必多。

蔴彈八十個，內有扎樣一個。徑合礮口爲度。內裝蔴一捆，重八十兩，割碎穀札八十個之用。閑暇札便，庶免臨時倉皇。

竹升一個，上盛火藥，司碼稱重四兩；下盛二兩。量滿，用手掌拍十下，使實。以量平爲度，不宜凸高。如火藥有時不同，則量起稱看；輕則加之，重則減之。○鉛碼一塊，司碼稱重五兩，稱藥彈須用此較合。○工部尺一枝，以便量彈，並可量視相去遠近，庶礮發有準。

棉紗紙袋八十個，恰合礮口，用以裝藥。宜先裝便，用線扎固。○蔴線一扭，可扎蔴彈及袋嘴。○引門針一枝，以便對引門鑽破藥袋，下烘藥。

又烘藥篩一個，以便篩烘藥。○烘藥罐一個，以便掛胸前。○火繩並繩竿一枝，在箱雙摺，用時扎直；點放之後，可插地上，不宜與火藥相近。

又礮枕一枝，打低用之。方墊一塊，墊於大墊之下。大墊一個，墊方墊之上。小墊一個，如用磨盤架者，眇定之後，對上下架交處橫木下塞緊，使不搖動。○礮塞一個，引門蓋一個，防雨及塵埃。

又，箱外另備油紙一張，登程交抬夫遮箱面，以免灌濕。但油布、油紙，俱能自出火，切不可裝箱內。

以上四物，共約重四百斤，解送軍營打仗，抬夫七名，凱旋之日，餘存藥彈等件，繳還軍營。

一新式礮位一尊，一百四十斤，口徑一寸五分八釐，並架一個，共約重一百八十餘斤。用彈以口徑一寸五分八釐九折算，得彈徑一寸三分八釐。

又一百四十斤礮所用之箱一隻，內各物並箱重九十餘斤。另鎖匙一枝，司礮者當親身收管。此箱內裝：

上火藥一袋，重二十餘斤。如次藥，酌量加添。每放一出，用藥四兩四錢，送彈八兩八錢，謂之一藥送二彈。餘可倣此。如藥稍次十分之二，則當加十分之二，慎勿任意多加。

礮彈五十六個，徑一寸三分八釐，重八兩八錢，擊遠用之。

群子盒彈二十四個，徑一寸三分八釐，長一寸六分五釐，重亦八兩八錢，迫近用之。○餘物與上條二百斤礮箱相同，不用再錄。

以上四物，其重二百九十餘斤，解送軍營打仗，抬夫五名，凱旋之日，餘存藥彈等件，繳還軍營。

又如三百斤至五百斤以上礮箱目錄，惟藥彈、蘇彈大小不同，抬夫多寡不一，餘皆相等，毋庸繁列。

【校記】

① 此與《演礮圖說後編》之"審視遠近較驗礮法"基本相同。此附錄部分均見《演礮圖說後編》，文略有異，不一一出校。

自　跋

　　咸豐元年夏五，以粵匪不靖，家心齋先生奉使來茲，因薦於鶴汀相國，徵辰鑄造火器。又以粵西多山路，不能用大礮，故自一百斤至四五百斤止，求適用也。業經試放有準，續成後編付梓，分發軍營，使弁兵易於練習。其鑄造之法，悉譜前編，號曰"新式礮位"，上加表準。茲前後編合參，撮錄《演礮摘要》，刊附卷末，以便軍營古今互用，或有裨補一二耳。

　　辛亥九月，晉江丁拱辰書於桂林火器局。

校 點 後 記

　　丁拱辰（一八○○——一八七五），又名君軫，字淑原，一字星南，福建泉州晉江人。僅讀幾年私塾便輟學，而好讀書，好購書，尤喜天文算學。業賈之餘，以勤奮自學而成爲當時享有盛譽的機械工程和火礮製造專家，乃十九世紀我國學習並改進西方機械工程和軍工科技的傑出先驅，開近代機械工程和軍事科技創造之先聲。其主要著述有《演礮圖説輯要》四卷、《演礮圖説後編》二卷、《增補則克録》三卷和《西洋軍火圖編》六卷，以及小説《荔鏡西廂》等。

　　丁氏於清道光二十一年（一八四一）初刻其《演礮圖説》，後加以釐正而定名《演礮圖説輯要》，於兩年後由泉州會文堂正式刊行。彼時始知二百年前有來華之德國傳教士湯若望同我國安徽寧國人焦勖合著之軍火製造著作《則克録》，遂多方尋求，於道光二十七年（一八四七）購得，"細詳讎校"，發現《演礮圖説輯要》與該書"語多暗合"，但該書尚有疏漏、舛訛之處，且未言及"中綫差高加表準則"等。嗣後奉命前往桂林火器局鑄礮，著《演礮圖説後編》，於清咸豐元年（一八五一）由桂林王輔坪街楊鴻文堂鎸刻印行。此書二卷六十四篇，附鑄礮器具各圖等，内容甚爲豐富，主要包括：鑄造火礮和各種小型火器及其彈藥的方法，火礮的瞄準和發射的方法，測量火礮射程遠近的方法，演練教習及選將練兵的方法，火藥的保管和火藥庫建築的地點選擇及製式格局，等等。此皆建立在反復試驗和認真實踐之基礎上，富有嚴謹的科學性和實用的可操作性。較之前編《演礮圖説輯要》，又增添了新的内容。

　　《演礮圖説後編》的校點工作底本乃泉州市圖書館所藏民國二十九年（一九四○）梅月（夏曆四月）丁氏聚書學校董事重印之楊鴻文堂咸豐元年刊刻本，末尾增入泉州龔顯曾《亦園脞牘》中之丁拱辰略歷。龔氏以爲《演礮圖説》"凡三易其稿。中國人言外洋礮火者,以此爲權輿"。不知是重印後裝訂失誤,還是日久散頁重訂出錯,我們在校點中發現頁碼次序混亂,主要有如下三處:一是排列位置與目録不符。如丁守存以行書所手寫之"丁跋",目録殿後而書中却夾在第一、二卷之間。二是正文之前除"序"和"咨文"外,還附有"星南行樂圖贊"、"贈言"、"贈別"和"紀遊",而"圖贊"第一頁之後才出現"序"和"咨文",又插入"贈言"和"贈別"。三是"贈別"(即《陽朔贈別心齋家仲序》)文字未完就接以"圖贊"除第一頁之外的文字及"鑄礮器具各圖"。對此,經反覆比對思考,我們進行了盡可能合理的調整,以免給讀者帶來如同我們所曾經遭遇過的困惑。黄樂德《泉州科技史話》(厦門大學出版社,一九九五年版)謂"鑄礮器具各圖"有八十一幅之多,而此書僅附二十幅圖,且缺第九幅,不知何故。

《增補則克録》由兩個部分組成:前爲湯若望和焦勗合著之《則克録》上、中、下三卷;後爲丁氏《增補讀則克録記略》,又名《火攻挈要》,相應分爲上、中、下三卷,並附《演礮摘要》。

湯若望(一五九一——一六六六),字道未,一説號道味,生於科隆,來華之德國天主教耶穌會傳教士,天文學家。明萬曆四十八年(一六二〇)抵澳門,後到北京學習漢語,繼往西安、南京傳教。崇禎三年(一六三〇)到北京參與編纂《崇禎曆書》,奉命在鑄礮所監造大礮五百多尊,並把技術授予工部兵仗局。清兵入關後歸清,於順治二年(一六四五)任欽天監監正,晉太常寺卿、光禄大夫。康熙三年(一六六四),被盲目排外之楊先光以僞造妖書謀反罪名誣告而下獄,次年獲釋,越明年在北京去世。著有《遠鏡記》、《學歷小辨》、《曆法西傳》、《新法算書》、《新法曆引》、《新法表異》、《古今交食考》、《主教緣起》、《湯若望回憶録》以及同焦勗合著之《則克録》等。《則克録》乃湯氏所授,明大臣、安徽寧國人焦勗記述。焦氏於《自序》中謂其"博訪於奇人,就教於西師","就名書之要旨,師友之秘傳,及苦心之偶得,去繁就簡,删浮探實,釋奧註明,聊述成帙,公諸同志,以備參酌"。上卷詳細介紹火銃製造的工藝及種類,對各種火器作了簡要説明;中卷分別介紹各種火藥的配方、性能、製作、貯藏和火銃的試放、安裝、教練、搬運等;下卷具體介紹火器製造中一些應注意問題和火器在各種情況下的應用。該書所述涉及西方有關冶鑄、機械、化學、力學和數學等方面的不少知識,對西方火器在中國的傳播産生了重大影響。序末落款"崇禎癸未孟夏",則成書應在一六四三年前後。此書以手鈔本見於一二藏書家,直至近兩百年後的清道光二十一年(一八四一),由揚州知府汪氏刊刻,始有印本。

丁拱辰爲刊刻其《演礮圖説輯要》,問序於户部主政丁守存,聞有此書,於道光二十七年(一八四七)從蘇州購得,"細詳讎校",發覺與其所著"語多暗合",稱賞其"專言火器礮法,最爲詳備",肯定"鑄戰銃以空徑計長短","卻是良法"。但也發現其中的疏漏和舛訛,主要有三:一是"未言中綫差高加表準則",易致大礮失準;二是同其所著相比,"所論彈發遠近,殊爲迥異";三是"所繪各樣銃圖,多繪失真","惟戰銃一圖,略與今之西式近似,然亦過長且薄",此外"無一圖可以仿傚"。故丁氏便"逐題詳核,批註於後",以《增補則克録》爲書名,與其《演礮圖説後編》同時於清咸豐元年(一八五一)十月,在桂林王輔坪街楊鴻文堂鐫刻刊行。

《增補則克録》的校點工作底本乃泉州市圖書館所藏之咸豐辛亥本之"晉江丁氏重刊"本。其中,丁守存序及附後之《演礮摘要》,除極個別字詞外,均同於《演礮圖説後編》。在校點中,我們發現《則克録》卷下目録中之"循環之法",在正文中没有相應的文字。

《演礮圖説後編》和《增補則克録》因蛀蝕等原因損壞的文字,有所參照補入者,以校記形式予以説明;無可參照且無十分把握者,只好闕如。

在現代科技高度發達的今天,丁氏此書的實用價值業已喪失殆盡,而其在我國科技史、中外文化交流史和泉州地方史的史料價值和文化價值却是永存的。丁氏好學不倦,自學成才,深得"格物致知"精髓,以重視實驗和實踐的嚴謹科學精神對待自己的創造和洋人的發明,善于取洋人之長,識洋人之短,從而完善自己的創造。這種正確的科學觀,仍然具有强烈的現實意義和深遠的歷史意義,值得後人虛心學習、發揚光大。

　　限於學識與水平,校點中難免有不當和錯誤之處,敬請方家和讀者批評指正。

編　者

二〇一四年十二月

圖書在版編目（CIP）數據

演礮圖説後編　增補則克録／（清）丁拱辰著；陳
忠義點校. —北京：商務印書館，2018
　（泉州文庫）
　ISBN 978－7－100－16498－6

Ⅰ. ①演… Ⅱ. ①丁… ②陳… Ⅲ. ①火礮—製造—
西方國家—近代 Ⅳ. ①TJ3－091

中國版本圖書館 CIP 數據核字（2018）第 186336 號

責任編輯　閻海文

特約審讀　李夢生

演礮圖説後編　增補則克録
（清）丁拱辰　著

商 務 印 書 館 出 版
（北京王府井大街36號　郵政編碼100710）
商 務 印 書 館 發 行
山東鴻君傑文化發展有限公司印刷
ISBN 978－7－100－16498－6

2018 年 10 月第 1 版　　　開本 705×960　1/16
2018 年 10 月第 1 次印刷　印張 11.25　插頁 2
定價 60. 00 元